serie enfoques

Matemática

De la práctica a la formalización I

Liliana Edith Kurzrok
Claudia Comparatore

longseller
EDUCACIÓN

Coordinación editorial
Beatriz Grinberg

Edición
María Virginia de Haro

Corrección
Graciana Centrón

Autores
Liliana Edith Kuzrok
Claudia Comparatore

Diseño de maqueta
Pablo Balcells

Diagramación
María José Suazes
Christiansen

**Diseño e ilustración
de tapa**
Pablo Balcells

Fotografía
Archivo Longseller

Gráficos
María José Suazes
Christiansen

© EDITORIAL LONGSELLER S.A.

Showroom de promoción y ventas
Blanco Encalada 2389
(C1428DJ) CABA Argentina
(0) 04706 1710 / 3647
promocion@longseller.com.ar

Administración y ventas
Costa Rica 5139 (B1615OET) Grand Bourg
Malvinas Argentinas Bs. As. Argentina
(011) 4846-7906 / (03327) 41-4406
ventas@longseller.com.ar
www.longseller.com.ar

Queda hecho el depósito que dispone la ley 11723.
Libro de edición argentina.
Este prohibida y penada por la ley la reproducción total o parcial de este
libro, en cualquier forma, por medios mecánicos, electrónicos, informáticos,
magnéticos, incluso fotocopia y cualquier otro sistema de almacenamiento de
información. Cualquier reproducción sin el previo consentimiento escrito del
autor viola los derechos reservados, es ilegal y constituye un delito.

1ª edición

Kurzrok, Liliana Edith

Matemática : de la práctica a la formalización / Liliana Edith
Kurzrok y Claudia Rita Comparatore. - 1a ed. - Buenos Aires :
Longseller, 2011.
224 p. ; 28x20 cm.

1. Matemática. I. Comparatore, Claudia Rita. II. Título.
CDD 510

ANALIZAR–DISCUTIR–RESOLVER

EXPLICAR–COMPRENDER–FORMALIZAR

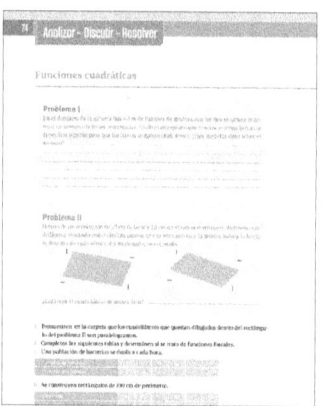

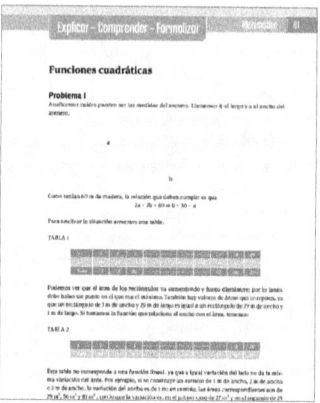

Problemas para introducir los contenidos y trabajar los posibles caminos de resolución.

Contenidos, conceptos teóricos y modelos explicativos a partir de los problemas centrales.

USO DE LA COMPUTADORA

ACTIVIDADES FINALES

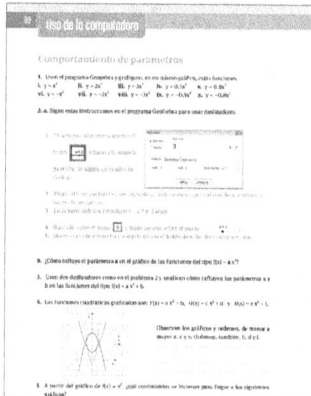

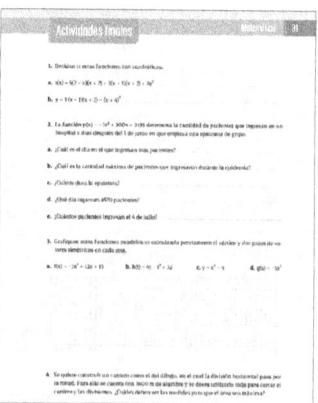

Introducción al uso de las nuevas tecnologías y su aplicación en el campo de la matemática.

Actividades orientadas a poner en juego los conocimientos adquiridos a lo largo del capítulo.

1

Números reales

Antiguamente, se creía que todos los números eran naturales o fraccionarios. Sin embargo, había segmentos, como la diagonal de un cuadrado de lado 1, cuya longitud no era ningún número conocido, y así comenzaron a investigarse los números irracionales. Los números racionales junto con los irracionales forman el conjunto de los números reales. En este capítulo, estudiaremos las características de dichos números.

Los números reales

Problema I

a. ¿Cuánto mide la diagonal de un rectángulo de 2 cm de largo y 1 cm de ancho?

b. ¿Existe un número fraccionario que sea equivalente a la medida de la diagonal?

1. a. Demuestren que $\sqrt{2}$ no es un número racional.

b. Encuentren una aproximación de $\sqrt{2}$ con tres cifras decimales.

2. a. ¿Es posible escribir el número $\sqrt{\dfrac{9}{16}}$ como división entre dos números enteros? ¿Por qué?

b. ¿Es posible escribir el número $\sqrt{\dfrac{1}{2}}$ como razón entre dos números enteros? ¿Por qué?

3. Encuentren las primeras tres cifras decimales de cada número.

a. $\sqrt{17}$ b. $\sqrt[3]{25}$ c. $\dfrac{1+\sqrt{5}}{2}$

4. Decidan si estas afirmaciones son verdaderas o falsas. Justifiquen sus respuestas.

a. $1 < \sqrt[3]{5} < 3$

b. $225 < \sqrt{50077} < 226$

c. $233 < \sqrt[3]{12812900} < 234$

Problema II

Construyan en la carpeta, con regla y compás, en cada caso, un segmento que tenga estas medidas.

a. $\sqrt{5}$ b. $1 + \sqrt{3}$ c. $5 + 4\sqrt{5}$ d. $\dfrac{3+\sqrt{2}}{2}$

Escriban >, < o =, según corresponda. Expliquen cómo lo decidieron.

a. Si a > b > 0, $\sqrt{a}$ ___ $\sqrt{b}$ c. Si a > 1, $\sqrt{a}$ ___ $\sqrt[3]{a}$

b. Si 0 < a < 1, $\sqrt{a}$ ___ $\sqrt[3]{a}$ d. Si a > 1, $\sqrt{a}$ ___ $\sqrt[3]{a}$

Sin usar la calculadora, coloquen >, < o =, según corresponda.

a. 1,41 ___ $\sqrt{2}$ b. $\sqrt{23}$ ___ $\sqrt{29}$

c. $\sqrt[3]{64}$ ___ $\sqrt{8}$ d. 1,41 ___ $\sqrt{2}$

e. $\sqrt[3]{\dfrac{7}{9}}$ ___ $\sqrt{\dfrac{7}{9}}$ f. 0,4 ___ $\sqrt{1,45}$

Decidan si estas afirmaciones son verdaderas o falsas y justifiquen sus respuestas.

a. Todo número racional tiene una expresión decimal finita.

b. Todo número irracional tiene una expresión decimal finita.

c. Todo número racional tiene una expresión decimal finita o periódica.

d. Todo número irracional tiene una expresión decimal infinita.

Problema III

Marquen en cada recta numérica todos los números que verifican estas condiciones.

a. Son mayores que 3 y menores que 5.

b. son menores o iguales a $\sqrt{2}$.

c. su distancia al cero es menor o igual a $\dfrac{1}{2}$.

d. En la carpeta marquen en la recta numérica los números $-\sqrt{7}$, $1 + \sqrt{7}$, $\sqrt{7} - 1$. Escriban qué tuvieron en cuenta para marcar.

9. a. Escriban un número natural que esté entre $\sqrt{15}$ y 8. ¿Cuántos hay? ¿Por qué?

b. Escriban un número racional que esté entre $\sqrt{15}$ y 8. ¿Cuántos hay? ¿Por qué?

c. Escriban un número irracional que esté entre $\sqrt{15}$ y 8. ¿Cuántos hay? ¿Por qué?

10. a. Escriban un número natural que esté entre $-\sqrt{17}$ y $\sqrt{29}$. ¿Cuántos hay? ¿Por qué?

b. Escriban un número entero que esté entre $-\sqrt{17}$ y $\sqrt{29}$. ¿Cuántos hay? ¿Por qué?

c. Escriban un número racional que esté entre $-\sqrt{17}$ y $\sqrt{29}$. ¿Cuántos hay? ¿Por qué?

d. Escriban un número irracional que esté entre $-\sqrt{17}$ y $\sqrt{29}$. ¿Cuántos hay? ¿Por qué?

11. a. Escriban un número irracional que esté entre $\sqrt{2}$ y 2.

b. ¿Cuántos números irracionales hay entre $\sqrt{2}$ y 2? ¿Por qué?

12. Consideren el conjunto de todos los números reales x que verifican $2 < x \leq \sqrt{8}$.
a. ¿Cuántos números naturales hay en este conjunto? ¿Por qué?

b. Encuentren, si los hay, números racionales en este conjunto. ¿Cuántos hay? ¿Por qué?

c. Encuentren, si los hay, números irracionales en este conjunto. ¿Cuántos hay? ¿Por qué?

d. ¿Cuántos números reales hay en este conjunto? ¿Por qué?

13. En la carpeta, representen en la recta numérica todos los puntos que pertenecen a cada conjunto y luego escriban el conjunto en forma de intervalos.
a. $\{x \,/\, x \in \Re \text{ y } -1 \leq x < 2\}$
b. Todos los números reales x que superan en tres unidades al doble de 4.
c. Todos los números reales x cuyo cuadrado es menor que 1.

13. Representen en la recta numérica estos intervalos.
a. $[-\sqrt{3}; 5)$ 　　　　　　　　b. $(-3; +\infty)$

c. $[-4; \frac{1}{2}]$ 　　　　　　　　d. $(-\infty; 8]$

Redondeo y truncamiento

Problema IV

a. Escriban dos números decimales distintos que al redondear den a dos cifras den:
   i. 2,97 　　　　　　　　　　ii. 9,26

b. Escriban dos números decimales distintos que al truncar a dos cifras den:
   i. 2,97 　　　　　　　　　　ii. 9,26

c. ¿Cuándo se cometen menos error al truncar o al redondear? ¿Por qué?

15. a. ¿Entre qué valores puede estar un número que al redondearlo da 4,25?

b. ¿Y si se hubiese truncado?

c. ¿Cuál es el mayor error que se puede cometer en cada caso?

16. a. ¿Entre qué valores puede estar un número que al redondearlo da -8,7453?

b. ¿Y si se hubiese truncado?

c. ¿Cuál es el mayor error que se puede cometer en cada caso?

17. Sea A el conjunto de todos los números $x \in R$, tales que $x^2 < 2$.
a. Encuentren, si existen, dos números naturales pertenecientes a A.

b. ¿Cuántos números naturales pertenecen a A? ¿Por qué?

c. Encuentren, si existen, dos números enteros pertenecientes a A. ¿Cuántos números enteros pertenecen a A? ¿Por qué?

d. Encuentren cinco números racionales que pertenezcan a A.

e. Encuentren un número irracional que pertenezca a A.

f. ¿Cuántos números reales hay en A? ¿Por qué?

g. Escriban el conjunto A en forma de intervalo.

h. Marquen los elementos de A en la recta numérica.

El módulo o valor absoluto

Problema V

En un laboratorio están evaluando un experimento con distintas sustancias químicas.

a. Una de ellas debe mantenerse a 0° aceptando solamente un error de $\left(\frac{1}{2}\right)°$. Los científicos deberán prender el aire acondicionado cada vez que la temperatura suba la elevada, para lo cual observan un gran termómetro puesto en la pared. ¿Cómo se dan cuenta de cuándo prender el aparato?

b. Otra sustancia debe mantenerse a 5° aceptando un error de 1°. Los científicos deberán prender el aire acondicionado cada vez que la temperatura suba la elevada, para lo cual observan el mismo termómetro puesto en la pared. ¿Cómo se dan cuenta de cuándo prender el aparato?

8. Hallen los valores de x que verifican las siguientes ecuaciones. Escriban el conjunto solución.

a. $|x| = 9$　　　　　　　　b. $|x| = -2$

c. $|x| = 0$　　　　　　　　d. $|-2x| = 3$

e. $|x - 1| = 8$　　　　　　f. $|5 - 2x| = 6$

9. Demuestren que:

a. $|x \cdot y| = |x| \cdot |y|$

b. $|x| = |y| \Rightarrow x = y$ ó $x = -y$

c. $|x/y| = |x|/|y|$ si $y \neq 0$

Propiedades de los números irracionales

Problema VI

Tomás quiere diseñar una región en su computadora el perímetro del pizarrón. El terreno puede dibujarse en un cartel rectangular, en el cual el largo sea el doble del ancho y que tenga una diagonal de 8 cm, y un sector cuadrado, cuya diagonal sea de 6 cm.

Necesita pintar para sombrearlos y lanillar para cercarlos. ¿Qué superficie de pintura necesita? ¿cuántos? ¿Cuántos centímetros de alambre deberá usar para cercar el diseño?

20. Calculen estas raíces.
a. $\sqrt[3]{263} =$

b. $\sqrt{15625} =$

21. ¿Cuánto mide la diagonal de un rectángulo cuyos lados son de 5 cm y 15 cm?

22. Decidan si estas afirmaciones son verdaderas o falsas y justifiquen sus respuestas.
a. Si a es un número irracional y b, racional, entonces a + b es racional.

b. Si a es un número irracional y b, racional, entonces a · b es irracional.

c. Si a y b son números irracionales, entonces a + b es racional.

d. Si a y b son números irracionales, entonces a · b es irracional.

23. a. Escriban dos pares de números irracionales que al sumarlos den cero.

b. Escriban dos pares de números irracionales cuya suma sea $\sqrt{7}$.

24. ¿Existe un número que al sumarle $\sqrt[3]{17} + 9$ dé 6? ¿Y al sumarle $\sqrt{5} + 1$? ¿Y al sumarle $3\sqrt[3]{17}$?

25. Sin usar la calculadora, coloquen >, < 0 =, según corresponda.

a. $\sqrt{\dfrac{1}{625}} \cdot \sqrt[4]{625}$ ___ 1

b. $\sqrt{2} \cdot \sqrt[3]{8}$ ___ $\sqrt[5]{32}$

c. $\left(\dfrac{4}{3}\right)^{\frac{3}{2}} \cdot \left(\dfrac{4}{3}\right)^{\frac{1}{2}}$ ___

d. $\sqrt[6]{\dfrac{3}{4}}$ ___

d. $\dfrac{\sqrt{5}}{5}$ ___ $\dfrac{1}{\sqrt{5}}$

26. Calculen la superficie de un triángulo rectángulo de $\sqrt{3}$ cm de perímetro, cuya hipotenusa mide el doble que un cateto.

27. Calculen el perímetro de un triángulo rectángulo de $4,5$ cm^2 de superficie, si un cateto mide el triple del otro.

28. Calculen la medida de los lados de un triángulo rectángulo, sabiendo que la hipotenusa mide 5 cm y que un cateto es el doble del otro.

Problema VII

Los pitagóricos creían que para que los ritmos fuesen armoniosos y bellos a la vista, los segmentos debían ser de una cierta proporción que se lograba dividiendo al segmento en partes armónicas. Un segmento dividido en dos partes cumple con esa condición si la razón (división) entre el segmento menor y el mayor es la misma que la razón entre el segmento mayor y el total.

a. Es cierto que si quieres dividir un segmento de longitud 1 de manera armónica entre

dos partes, cada una de ellas debe medir $\dfrac{-1 + \sqrt{5}}{2}$ y $\dfrac{1}{2} - \dfrac{\sqrt{5}}{2}$. ¿Por qué?

b. Si es cierto, hallen la razón (división) entre ellas.

9. Demuestren que $\sqrt[n]{a} \cdot \sqrt[m]{b} = \sqrt[n \cdot m]{a^m \cdot b^n}$.

10. Determinen cuáles de las propiedades de los radicales se verifican si a < 0 o b < 0.

11. Decidan si estas igualdades son verdaderas o falsas y justifiquen las respuestas.

a. Si a, b ∈ R , entonces $a \cdot \sqrt{b} = \sqrt{a^2 \, b}$.

b. Si a, b ∈ R , entonces $a \cdot \sqrt[3]{b} = \sqrt[3]{a^3 \, b}$.

c. Si a > 0, entonces $a^{-\frac{3}{2}} = \sqrt{\dfrac{1}{a^3}}$.

d. $a^{-\frac{4}{6}} = \left(\sqrt[3]{a} \right)^2$.

12. Ordenen de menor a mayor estos números, sabiendo que a > 1.

$$\sqrt[3]{a} \qquad a^3 \qquad 1 \qquad \sqrt{a} \qquad a^2 \qquad a^{-3}$$

13. Ordenen de menor a mayor los siguientes números, sabiendo que 0 < a < 1.

$$\sqrt[3]{a} \qquad a^3 \qquad 1 \qquad \sqrt{a} \qquad a^2 \qquad a^{-3}$$

14. Si 0 < a < b < 1, ¿qué número es mayor: $\sqrt[3]{a}$ o $\sqrt[5]{b}$? ¿Por qué?

15. Usen las propiedades y decidan si estas igualdades son verdaderas o falsas. Expliquen cómo lo decidieron.

a. $\sqrt[3]{\sqrt{8}} = \sqrt[6]{8}$

b. $\sqrt{\sqrt[3]{\sqrt{5}}} = \sqrt[6]{5}$

c. $3 \cdot \sqrt{2} = \sqrt{6}$

d. $\dfrac{1}{\sqrt{2} + \sqrt{3}} = \sqrt{2} + \sqrt{3}$

14. En cada caso marquen cuáles son las expresiones equivalentes a la dada. Expliquen por qué.

a. $\sqrt{80} + \sqrt{45} - \sqrt[3]{8000} =$

   I. $\sqrt{125} - \sqrt[3]{8000}$ II. $\sqrt{80} + 3\sqrt{5} - \sqrt[3]{2^9 \cdot 5}$ III. $3\sqrt{5}$

b. $\sqrt[4]{36864} - \sqrt[4]{1728} =$

   I. $\sqrt[4]{36864 - 1728}$ II. $4\sqrt[4]{3} - 2\sqrt{3}$ III. $2\sqrt[4]{3}$

c. $(1 + 2\sqrt{3})(1 - 5\sqrt{3}) =$

   I. $31 - 3\sqrt{3}$ II. $-29 - 3\sqrt{3}$ III. -29

d. $\sqrt{0,4} - (\sqrt{0,16} - \sqrt[3]{0,001}) =$

   I. $\dfrac{2\sqrt{10} - 3}{10}$ II. $\dfrac{1}{5}\sqrt{10} - \dfrac{3}{10}$ III. $\dfrac{2}{\sqrt{10}} - \dfrac{3}{10}$

e. $\sqrt{\dfrac{1}{128}} - \sqrt[4]{512} =$

   I. $\dfrac{\sqrt[4]{2} - 8\sqrt{2}}{4}$ II. $\dfrac{1}{\sqrt{2}} - 2\sqrt[4]{32}$ III. $\dfrac{\sqrt{2}}{2} - 4\sqrt[4]{2}$

f. $\dfrac{\sqrt{2}}{\sqrt{5} - \sqrt{3}} =$

   I. $\dfrac{\sqrt{2}(\sqrt{5} + \sqrt{3})}{2}$ II. $\sqrt{\dfrac{2}{5}} - \sqrt{\dfrac{2}{3}} =$ III. $\dfrac{\sqrt{2}(\sqrt{5} - \sqrt{3})}{2}$

g. $\dfrac{\sqrt{32} - \sqrt{3}}{2\sqrt{2}} =$

   I. $\dfrac{29}{16 + 2\sqrt{6}} =$ II. $2 - \dfrac{1}{4}\sqrt{6}$ III. $2 - \dfrac{1}{2}\sqrt{\dfrac{3}{2}}$

h. $\dfrac{2 - \sqrt{2}}{2 + \sqrt{2}} =$

   I. $3 - 2\sqrt{2}$ II. $\dfrac{2}{2}$ III. $\dfrac{2}{6 + 4\sqrt{2}} =$

17. Resuelvan estas ecuaciones y escriban el conjunto solución.

a) $2(1 - \sqrt{2})^2 - 2x + 2\sqrt{18} = \sqrt{8}\,x + \sqrt{8} - \sqrt{72}\,\sqrt{2} + 2$

b) $\dfrac{1}{\sqrt{x}} - 4 = \sqrt{x} + 4$

c) $\sqrt{\sqrt{\sqrt{x^3}}} = \sqrt[3]{2}$

d) $\dfrac{5x + \sqrt{7}}{\sqrt{3}} = 3\sqrt{\dfrac{7}{3}}$

e) $x + \sqrt{8} = \dfrac{\left(\frac{1}{x} + \sqrt{8}\right)^2}{x - \sqrt{8}}$

18. Calculen el perímetro y el área de un triángulo rectángulo isósceles cuya hipotenusa mide 5 cm.

Los números reales

Con Pitágoras, en el siglo VI antes de Cristo, nació la matemática tal como la conocemos hoy, como una ciencia deductiva. Sin embargo, Pitágoras no veía a la matemática como una ciencia, sino como una escala para ascender a los orígenes del universo. Los pitagóricos conformaban una comunidad religiosa cuyo propósito era revelar la armonía del mundo expresada en la armonía de los números. Para ellos, el universo era un cosmos ordenado, y el destino del hombre era descubrir el lugar que le estaba asignado para mantener, así, la armonía de acuerdo con el orden natural. Aconsejaban la obediencia y el silencio, la abstinencia de consumir ciertos alimentos, la sencillez en el vestir y en las posesiones; creían en la inmortalidad y en la trasmigración del alma. En la comunidad, había dos clases de miembros: los matemáticos (a los que Pitágoras comunicaba los conocimientos científicos) y los acusmáticos (que participaban de los conocimientos, principios morales, ritos y prescripciones de la hermandad). Para los pitagóricos, el mundo podía ser expresado a través de la armonía de los números, y consideraban que estos solo podían ser enteros o razones (divisiones) entre enteros: las fracciones. Los pitagóricos eran ante todo geómetras, motivo por el cual se esforzaban por comparar longitudes con líneas y por encontrar cuáles eran las proporciones que hacían las imágenes más armoniosas a la vista. La estrella pentagonal (formada por las diagonales de un pentágono regular) era el símbolo de los seguidores de Pitágoras y en ella buscaban cierta regularidad numérica.

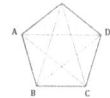

En su intento por encontrarla, observaron que había un número que se repetía en muchas ocasiones. Observemos qué encontraron.

Problema I

Si representamos el rectángulo pedido podemos observar que:

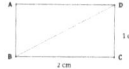

La diagonal divide al rectángulo en dos triángulos rectángulos de los cuales $\overline{BD}$ es la hipotenusa. Podemos entonces usar el teorema de Pitágoras:

$$\overline{BC}^2 + \overline{CD}^2 = \overline{DB}^2$$
$$(2\ cm)^2 + (1\ cm)^2 = \overline{DB}^2$$

Entonces $\overline{DB} = \sqrt{5}$

Durante años, los matemáticos griegos se dedicaron a buscar un número fraccionario que represente exactamente a $\sqrt{5}$, pero no llegaron a hallarla. Sabían que el número que representara a $\sqrt{5}$ debía estar comprendido entre 2 y 3, dado que $2^2 = 4$ y $3^2 = 9$; luego, su parte entera sería 2. Veamos cómo pudieron obtener una aproximación:

$2,1^2 = 4,41$

$2,2^2 = 4,84$

$2,3^2 = 5,29 > 5$

Con lo cual, las primeras cifras de $\sqrt{5}$ deben ser 2,2. Para ver como sigue, hacemos:

$2,21^2 = 4,8841$

$2,22^2 = 4,9284$

$2,23^2 = 4,9729$

$2,24^2 = 5,0176 > 5$

Sabemos ahora que $\sqrt{5} \approx 2,23$, y podemos acercarnos más:

$2,231^2 = 4,977361$

$2,232^2 = 4,981824$

....

$2,236^2 = 4,999696$

$2,237^2 = 5,004169 > 5$

Tenemos una nueva aproximación de $\sqrt{5}$, que es 2,236. Podríamos seguir así, pero no tenemos certeza de que alguna vez dé exacto o periódico. Es decir, no sabemos si $\sqrt{5}$ puede escribirse como una fracción. Lo mismo les ocurrió a los matemáticos griegos hasta que, finalmente, uno de ellos, llamado Euclides, demostró que esto es imposible (la historia cuenta que Pitágoras ya lo sabía pero que, como esto contradecía toda su teoría, lo ocultó).

Demostremos que $\sqrt{5}$ no puede escribirse como una fracción. Supongamos que $\sqrt{5}$ es un número racional (que puede escribirse como fracción), entonces existen a y b $\in$ Z (b $\neq$ 0) tales que $\frac{a}{b} = \sqrt{5}$, siendo $\frac{a}{b}$ una fracción irreducible (no se puede simplificar más).

Por lo tanto, $\left(\frac{a}{b}\right)^2 = 5 \Rightarrow a^2 = 5b^2$ (1)

Luego, a^2 es múltiplo de 5 (dado que se puede escribir como producto de 5 por otro número entero) y como 5 es un número primo $\Rightarrow$ a tiene ser múltiplo de 5 $\Rightarrow$ a = 5 · t, t $\in$ Z.

Por lo tanto $a^2 = (5t)^2 = 25 t^2$ (2)

De (1) y (2): $5 b^2 = 25 t^2 \Rightarrow b^2 = 5 t^2 \Rightarrow b^2$ es múltiplo de 5 $\Rightarrow$ b es múltiplo de 5.

O sea que a y b son múltiplos de 5; por lo tanto, la fracción $\frac{a}{b}$ puede simplificarse dividiendo numerador y denominador por 5 y por lo tanto no es una fracción irreducible. Pero habíamos tomado una fracción que era irreducible, o sea, llegamos a algo absurdo. Para llegar a esto, habíamos partido de suponer que $\sqrt{5}$ era un número racional. Luego, $\sqrt{5}$ no puede escribirse como una razón (división) entre dos números enteros, y se lo llama número irracional.

Un número es **irracional** cuando no puede escribirse como división de dos números enteros, o sea como fracción.

Las raíces cuadradas de algunos números naturales son enteras. Por ejemplo $\sqrt{1}$, $\sqrt{4}$, $\sqrt{9}$, $\sqrt{16}$, etcétera. Los números naturales que tienen raíz cuadrada natural se llaman **cuadrados perfectos.**

Las raíces cuadradas de números naturales que no son cuadrados perfectos son irracionales, por ejemplo $\sqrt{2}$, $\sqrt{29}$, etcétera.

También son irracionales todos los números que se obtienen al operar (sumar, restar, multiplicar o dividir) números irracionales con números racionales. Otro número irracional conocido es el número π, que es la razón entre el perímetro y el diámetro de una circunferencia.

Los números irracionales no pueden escribirse como fracción; por lo tanto, no tienen un número finito de cifras decimales ni un período que se repita; o sea, los números irracionales tienen infinitas cifras decimales no periódicas.

Ubicación en la recta numérica

Como ya dijimos, los pitagóricos eran, ante todo, geómetras y se esforzaban por medir todas las líneas. En ese intento, se encontraron con números que no eran racionales y se les ocurrió pensar si existirían longitudes con esas medidas. Ya sabían ubicar los números racionales en la recta numérica. Veamos lo que hicieron entonces:

Problema II

a. Construyamos sobre la recta numérica, a partir de 0, un rectángulo de 2 unidades de largo por 1 unidad de alto y marquemos su diagonal. Luego tracemos una circunferencia con centro en 0 y que tenga como radio a la diagonal del rectángulo, que sabemos, por el Teorema de Pitágoras, que mide $\sqrt{5}$. El punto en el que esta circunferencia corte a la recta numérica será la ubicación de $\sqrt{5}$.

El segmento cuyos extremos son 0 y $\sqrt{5}$ mide $\sqrt{5}$ y por lo tanto nos quedó el segmento pedido.

b. Para construir un segmento de longitud $1 + \sqrt{5}$, marquemos primero un segmento de longitud 1 unidad; luego, a partir de él, repitamos el procedimiento anterior.

El segmento cuyos extremos son 0 y $1 + \sqrt{5}$ es el buscado.

c. Para construir un segmento de longitud $5 + 3\sqrt{5}$, partimos de uno de longitud 5 y, repitiendo el procedimiento anterior, trazamos un segmento de longitud $5 + \sqrt{5}$. A partir de este, repitiendo nuevamente el procedimiento, marcamos segmentos de longitudes $5 + 2\sqrt{5}$ y $5 + 3\sqrt{5}$, respectivamente.

d. Para lograr un segmento que mida $\dfrac{1 + \sqrt{5}}{2}$, debemos dividir el segmento que dibujamos en el punto **b.** en dos partes iguales. Para ello, procedemos de la siguiente manera:
- Tomamos, a partir del 0, un segmento de longitud $1 + \sqrt{5}$, al que llamamos $\overline{OC}$.
- Trazamos una circunferencia con centro en O y radio mayor que la mitad de $\overline{OC}$.
- Trazamos una circunferencia con centro en C y el mismo radio que antes.

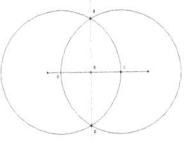

Las circunferencias se cortan en dos puntos, B y D. Trazamos la recta que pasa por ellos. Esa recta es la mediatriz del segmento. Es decir, es el lugar geométrico de todos los puntos que están a la misma distancia de O que de C. El punto donde se intersecan la recta y el segmento es el que divide al segmento en dos partes iguales. El segmento OH mide $\dfrac{1 + \sqrt{5}}{2}$.

Al conjunto de los números irracionales lo llamamos I. Con los números irracionales, logramos completar toda la recta numérica.

Llamamos conjunto de números reales (ℝ) al conjunto de los números racionales y los irracionales ℝ = ℚ ∪ I.

ℚ = conjunto de números racionales
I = conjunto de números irracionales
ℝ = conjunto de números reales

Observemos que tanto los números racionales como los números irracionales son números reales, y que un número es racional o es irracional, es decir $\mathbb{Q} \subset \mathbb{R}$, $\mathbb{I} \subset \mathbb{R}$, $\mathbb{Q} \cap \mathbb{I} = \varnothing$.

Intervalos en la recta real

Problema III

a. Para marcar los números x que son mayores que 1 y menores que 5, realizamos:

Para indicar que el 1 y el 5 no pertenecen al segmento, ponemos paréntesis en los extremos. En otras palabras, estamos marcando todos los números reales x que verifican $1 < x < 5$. A este conjunto se lo llama intervalo en la recta y se escribe $(1 ; 5)$.

b. Necesitamos marcar los valores x que verifican $x \le -\sqrt{2}$, o sea, que pertenecen al intervalo $(-\infty ; -\sqrt{2}]$ (indicamos con un corchete que ese extremo está incluido).

c. Si la distancia de x al 0 debe ser menor que $\frac{3}{8}$, entonces,

$$-\frac{3}{8} < x < \frac{3}{8}, \text{ o sea, } x \in \left(-\frac{3}{8} ; \frac{3}{8}\right)$$

$[a ; b] = \{x \mid x \in R \text{ y } a \le x \le b\}$
$(a ; b] = \{x \mid x \in R \text{ y } a < x \le b\}$
$[a ; b) = \{x \mid x \in R \text{ y } a \le x < b\}$
$(a ; b) = \{x \mid x \in R \text{ y } a < x < b\}$

$(-\infty ; b] = \{x \mid x \in R \text{ y } x \le b\}$
$(-\infty ; b) = \{x \mid x \in R \text{ y } x < b\}$
$[a ; +\infty) = \{x \mid x \in R \text{ y } x \ge a\}$
$(a ; +\infty) = \{x \mid x \in R \text{ y } x > a\}$

Redondeo y truncamiento

Problema IV

a. Redondear un número es elegir algunas cifras de él.

Para aproximar un número decimal $a_o, a_1 a_2 a_3 \ldots a_i a_{i+1} \ldots$ por redondeo a n cifras decimales, observamos la cifra a_{i+1}:
- Si $a_{i+1} < 5$, dejamos el número $a_o, a_1 a_2 a_3 \ldots a_i$
- Si $a_{i+1} \ge 5$, aumentamos una unidad en la cifra a_i.

Con lo cual, si un número fue redondeado a 2,97 se observó la cifra que está en el lugar de los milésimos y se tomó una determinación. El número podrá haber sido, por ejemplo 2,9748765 o 2,9681234. Hay infinitas posibilidades. Todas las posibilidades son:
· Números que empiezan con 2,97 y tienen en el lugar que ocupa la cifra de los milésimos a 0, 1, 2, 3 o 4.
· Números que empiezan con 2,96 y tienen en el lugar que ocupa la cifra de los milésimos a 5, 6, 7, 8 o 9.
Lo mismo ocurre con – 9,26. Hay que pensar en cuál habrá sido el número original. Podría haber sido –9,2367 o –9,2434.

b. Muchas veces en lugar de aproximar el número por redondeo, lo que hacemos es no considerar las cifras restantes.

Truncar un número en determinada cifra significa eliminar todas las cifras que siguen a partir de ella, reemplazándolas por cero.

Por ejemplo si truncamos el número 2,371492 a cuatro cifras decimales, obtenemos el número 2,3714; en cambio, si lo redondeamos, debemos tomar el número 2,3715.
Con lo cual, si un número fue truncado a 2,97 solo se tomaron las dos primeras cifras decimales sin importar lo que venía después. El número podría haber sido 2,97234 o 2,97823455, etcétera.
Lo mismo ocurre con −9,24. Por ejemplo podríamos tomar −9,2467 o −9,2434.

Si se aproxima por redondeo a cualquier cifra, se comete siempre un error menor que al truncar.

El módulo o valor absoluto

Problema V
Los científicos deben prender el aparato cuando la temperatura es de $\left(\frac{1}{2}\right)^0$ o de $-\left(\frac{1}{2}\right)^0$ o sea, si la distancia entre la temperatura y el 0^0 es $\frac{1}{2}$. Esto matemáticamente se escribe $|x| = \frac{1}{2}$ y se lee módulo de x igual a $\frac{1}{2}$, con lo cual si observamos la ecuación $|x| = \frac{1}{2}$, obtenemos como solución $x = 0$ $x = -\frac{1}{2}$ y escribimos el conjunto solución: $S = \{-1/2, 1/2\}$
Gráficamente

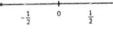

$$-\tfrac{1}{2} \qquad 0 \qquad \tfrac{1}{2}$$

El módulo o valor absoluto de un número es la distancia que hay en la recta numérica entre dicho número y el cero.

Por ejemplo:
$|5| = 5,$ $\qquad |-8| = 8$ $\qquad\qquad |0| = 0,$ $\qquad |x| = 8 \Leftrightarrow x = 8 \text{ ó } x = -8$
Analizando la figura vemos que la temperatura para la segunda sustancia debe ser de 5^0 y permite que sea entre 4^0 y 6^0.

$$4 \qquad 5 \qquad 6$$

O sea, la distancia entre la temperatura, (t), y 5 debe ser menor que 1, con lo cual $t - 5$ debe ser un número entre -1 y 1; entonces $|t - 5| \le 1$. Deben prender el aparato si $t = 4^0$ ó $t = 6^0$.

La distancia entre dos números a y b es la distancia entre a − b y cero, por lo tanto es $|a − b|$. Como el módulo es una distancia, será siempre positivo.

Propiedades de los números irracionales

Problema VI

Para resolver su problema, Tamara necesita saber el perímetro y el área del terreno. Analicemos primero cada figura por separado:

Por el Teorema de Pitágoras, es: $\left(\frac{a}{2}\right)^2 + a^2 = 8^2 \Rightarrow \frac{a^2}{4} + a^2 = 64 \Rightarrow \frac{5}{4}a^2 = 64 \Rightarrow a^2 = \frac{256}{5} \Rightarrow$

$\Rightarrow$ como $a > 0$ (por ser el lado del rectángulo) $a = \sqrt{\frac{256}{5}} = \frac{16}{\sqrt{5}}$.

El largo y el ancho del rectángulo miden $\frac{16}{\sqrt{5}}$ km y $\frac{8}{\sqrt{5}}$ km, respectivamente. La superficie

del rectángulo mide, entonces: $\frac{16}{\sqrt{5}} \cdot \frac{8}{\sqrt{5}} = \frac{16 \cdot 8}{(\sqrt{5})^2} = \frac{128}{5} = 25,6 \text{ km}^2$.

Observemos que, si en lugar de operar con $\sqrt{5}$, hubiéramos tomado su aproximación, 2,23, el área nos hubiera dado $(16 : 2,23) \cdot (8 : 2,23) = 25,739508$.......... que es un valor aproximado, y no el valor real.

A medida que operamos con valores aproximados, sumando o multiplicando, el error es mayor; por lo tanto, es conveniente aproximar los valores solo en el resultado y operar con raíces hasta el final. Para seguir resolviendo este problema, es aconsejable que primero analicemos algunas cuestiones.

Raíz n-ésima de un número

Llamamos raíz n-ésima de un número real a, y lo simbolizamos $\sqrt[n]{a}$, a un número b definido de la siguiente forma:
- Si n es par, a ≥ 0, $\sqrt[n]{a} = b$ si b ≥ 0 y $b^n = a$
- Si n es impar, $\sqrt[n]{a} = b$ si $b^n = a$

n ∈ N se llama índice y a se llama radicando.
$\sqrt[n]{\ }$ se llama signo radical y los números que lo poseen se llaman radicales.

Por convención, cuando n = 2 no se escribe el índice en el símbolo del radical, o sea que en lugar de $\sqrt[2]{a}$ se escribe $\sqrt{a}$.

Propiedades de la radicación

1. Sean a > 0, b > 0, m, n ∈ N, entonces:

$\sqrt[n]{a} = a^{\frac{1}{n}}$

Pues $\left(a^{\frac{1}{n}}\right)^n = a^{\frac{n}{n}} = a^1 = a \Rightarrow \sqrt[n]{a} = a^{\frac{1}{n}}$

$\sqrt[n]{a} \cdot \sqrt[n]{b} = \sqrt[n]{a \cdot b}$

Para probar que $\left(\sqrt[n]{a}\cdot\sqrt[n]{b}\right)^n = a\cdot b$, tomamos $\sqrt[n]{a} = A$ y $\sqrt[n]{b} = B$; entonces, $A^n = a$ y $B^n = b$; con lo cual $a\cdot b = A^n\cdot B^n = (A\cdot B)^n = \left(\sqrt[n]{a}\cdot\sqrt[n]{b}\right)^n$

Luego: $\sqrt[n]{a}\cdot\sqrt[n]{b} = \sqrt[n]{a\cdot b}$

$$\frac{\sqrt[n]{a}}{\sqrt[n]{b}} = \sqrt[n]{\frac{a}{b}}$$

Resulta de un análisis similar al anterior.

$$\left(\sqrt[n]{a}\right)^m = \sqrt[n]{a^m}$$

Dado que $\left(\sqrt[n]{a}\right)^m = \left(a^{\frac{1}{n}}\right)^m = a^{\frac{m}{n}} = (a^m)^{\frac{1}{n}} = \sqrt[n]{a^m}$

$$\sqrt[n]{\sqrt[m]{a}} = \sqrt[n\cdot m]{a}$$

Pues $\sqrt[n]{\sqrt[m]{a}} = \sqrt[n]{a^{\frac{1}{m}}} = \left(a^{\frac{1}{m}}\right)^{\frac{1}{n}} = a^{\frac{1}{m}\cdot\frac{1}{n}} = a^{\frac{1}{m\cdot n}} = \sqrt[n\cdot m]{a}$

$$\sqrt[n]{a}\cdot\sqrt[m]{b} = \sqrt[n\cdot m]{a^m\cdot b^n}$$

$\sqrt[n\cdot m]{a^m}\cdot\sqrt[n\cdot m]{b^n} = \sqrt[n\cdot m]{a^m}\cdot\sqrt[n\cdot m]{b^n} = a^{\frac{m}{nm}}\cdot b^{\frac{n}{nm}} = a^{\frac{1}{n}}\cdot b^{\frac{1}{m}} = \sqrt[n]{a}\cdot\sqrt[m]{b}$

2. Sea n par y $a\in\mathbb{R}$, entonces: $\sqrt[n]{a^n} = |a|$

Como n es par, a^n para cualquier valor de a es positivo, luego, podemos calcular su raíz n-ésima.

Si $a\geq 0 \Rightarrow \sqrt[n]{a^n} = (a^n)^{\frac{1}{n}} = a^{\frac{n}{n}} = a^1 = a$

Si $a < 0 \Rightarrow -a > 0$ y $a^n = (-a)^n \Rightarrow \sqrt[n]{a^n} = \sqrt[n]{(-a)^n} = [(-a)^n]^{\frac{1}{n}} = (-a)^1 = -a$

Luego $\sqrt[n]{a^n} = \begin{cases} a & \text{si} & a\geq 0 \\ -a & \text{si} & a < 0 \end{cases} = |a|$

Continuemos con el problema VI; nos falta calcular las medidas del cuadrado:

Aplicando nuevamente el Teorema de Pitágoras: $b^2 + b^2 = 4^2 \Rightarrow 2b^2 = 16 \Rightarrow b^2 = 8$.

Dado que $b > 0$ (utilizando las propiedades anteriores), $b = \sqrt{8} = \sqrt{2^3} = \sqrt{2^2\cdot 2} = 2\sqrt{2}$.

O sea que el lado mide $2\sqrt{2}$ km.

Luego, la superficie del cuadrado es: $\left(2\sqrt{2}\right)^2 = 2^2\left(\sqrt{2}\right)^2 = 4\cdot 2 = 8$ km^2.

Para calcular la cantidad de pasto que debe sembrar Tamara, hay que sumar la superficie del rectángulo, que es 25,6 km^2, con la del cuadrado, que es 8 km^2: 25,6 + 8 = 33,6 km^2.

Analicemos ahora el perímetro de la figura:

$$\frac{16}{\sqrt{5}} + 2 \cdot \frac{8}{\sqrt{5}} + 3 \cdot 2\sqrt{2} + \left(\frac{16}{\sqrt{5}} - 2\sqrt{2}\right) = \frac{16}{\sqrt{5}} + \frac{16}{\sqrt{5}} + 6\sqrt{2} + \frac{16}{\sqrt{5}} - 2\sqrt{2} =$$

$$= 3 \cdot \frac{16}{\sqrt{5}} + (6-2)\,\sqrt{2} = \frac{48}{\sqrt{5}} + 4\,\sqrt{2}$$

La cantidad de alambre necesaria será, entonces: $\frac{48}{\sqrt{5}} + 4\,\sqrt{2}$ km.

Si tuviéramos una calculadora que no fuera científica, o no tuviéramos una calculadora, sería más sencillo y menos aproximado realizar cuentas de suma y multiplicación con radicales que de división. Por este motivo, cuando no era común tener una calculadora, se trataba de que los radicales nunca quedaran en el denominador.

Observemos qué se puede hacer en este caso:

$$\frac{48}{\sqrt{5}} = \frac{48}{\sqrt{5}} \cdot \frac{\sqrt{5}}{\sqrt{5}} = \frac{48\sqrt{5}}{(\sqrt{5})^2} = \frac{48\sqrt{5}}{5} = \frac{48}{5} \cdot \sqrt{5}$$

La cantidad de alambre que debería comprar Tamara es: $\frac{48}{5}\sqrt{5} + 4$ km.

Aproximando el resultado y sabiendo que no puede comprar una fracción de metro, Tamara compra 27,124 km de alambre.

Para la resolución de este problema, tuvimos que operar con radicales. Definamos estas operaciones.

Suma y resta de radicales

Para sumar o restar dos términos que tienen como factor el mismo radical, extraemos como factor común el radical. Las sumas o restas con distintos radicales deben quedar expresadas.

Por ejemplo:

Calculemos: $\sqrt{2} + 6\sqrt{8} - 3\sqrt[3]{32}$.

Intentemos simplificar, para que nos quede la menor cantidad posible de radicales diferentes.
Como $8 = 4 \cdot 2$ y $32 = 16 \cdot 2$, entonces:

$\sqrt{2} + 6\sqrt{8} - 3\sqrt[3]{32} = \sqrt{2} + 6\sqrt{4 \cdot 2} - 3\sqrt{16 \cdot 2} = \sqrt{2} + 6\sqrt{4} \cdot \sqrt{2} - 3\sqrt{16} \cdot \sqrt{2} =$
$\sqrt{2} + 6 \cdot 2 \cdot \sqrt{2} - 3 \cdot 4 \cdot \sqrt{2} = \sqrt{2} + 12 \cdot \sqrt{2} - 12 \cdot \sqrt{2} = (1 + 12 - 12)\sqrt{2} = \sqrt{2}$

Realicemos este otro cálculo:

$\sqrt{5} - 3\sqrt[2]{45} + \sqrt[3]{81} = \sqrt{5} - 3\sqrt[2]{9 \cdot 5} + \sqrt[3]{27 \cdot 3} = \sqrt{5} - 3 \cdot \sqrt{9} \cdot \sqrt{5} + \sqrt[3]{27} \cdot \sqrt[3]{3} =$
$\sqrt{5} - 3 \cdot 3 \cdot \sqrt{5} + 3 \cdot \sqrt[3]{3} = \sqrt{5} - 9 \cdot \sqrt{5} + 3\sqrt[3]{3} = -8\sqrt{5} + 3\sqrt[3]{3}$

Observemos que para obtener un mismo radical, consideramos en el primer ejemplo
$\sqrt{32} = 4 \cdot \sqrt{2}$, y en el segundo ejemplo, $\sqrt[3]{81} = 3 \cdot \sqrt[3]{3}$. Esto se llama extraer factores fuera del
signo radical.

Extracción fuera del signo radical

Cuando las potencias del número que está dentro del signo radical son mayores o iguales
al índice de la raíz, es posible extraer factores fuera del signo radical para facilitar los
cálculos.

Supongamos que queremos simplificar la expresión $\sqrt[m]{a^n}$, con $n \in \mathbb{Z}$, $m \in \mathbb{N}$, $n \geq m$ y $a > 0$. Como
n y m son números enteros, al realizar la división de n por m, por el algoritmo de división, exis-
ten q, $r \in \mathbb{Z}$, $0 \leq r < m$, tales que $n = m \cdot q + r \Rightarrow a^n = a^{m \cdot q + r} = a^{m \cdot q} \cdot a^r = (a^q)^m \cdot a^r$
$\sqrt[m]{a^n} = \sqrt[m]{a^{m \cdot q + r}} = \sqrt[m]{(a^q)^m \cdot a^r} = \sqrt[m]{(a^q)^m} \sqrt[m]{a^r} = a^q \sqrt[m]{a^r}$

Por ejemplo:

$\sqrt[4]{1.296} = \sqrt[4]{81 \cdot 16} = \sqrt[4]{27 \cdot 3 \cdot 8 \cdot 2} = \sqrt[4]{27} \cdot \sqrt[4]{3} \cdot \sqrt[4]{8} \cdot \sqrt[4]{2} = 3 \cdot \sqrt[4]{3} \cdot 2 \cdot \sqrt[4]{2} = 6\sqrt[4]{3} \cdot \sqrt[4]{2} = 6 \cdot \sqrt[4]{6}$

Observemos que para determinar qué factores se pueden extraer fuera del signo radical, es
conveniente escribir al número como producto de un número con raíz exacta por otro que no.

Producto de radicales

Para poder multiplicar dos radicales con igual índice, usamos la propiedad:

$$\sqrt[n]{a} \cdot \sqrt[n]{b} = \sqrt[n]{a \cdot b} \quad \text{con } a, b > 0$$

Por ejemplo:

$$\sqrt[3]{4} \cdot \sqrt[3]{16} = \sqrt[3]{64} = 4$$

Si los radicales tienen distinto índice, tratamos de transformarlos en radicales equivalentes con igual índice, utilizando las propiedades de la radicación.

Veamos algunos ejemplos:

$$\sqrt[3]{2} \cdot \sqrt{3} = \sqrt[6]{2^2} \cdot \sqrt[6]{3^3} = \sqrt[6]{2^2} \cdot \sqrt[6]{3^3} = \sqrt[6]{2^2 \cdot 3^3}$$
$$\sqrt[3]{3} \cdot \sqrt[4]{7} = \sqrt[12]{3^4} \cdot \sqrt[12]{7^3} = \sqrt[12]{3^4} \cdot \sqrt[12]{7^3} = \sqrt[12]{3^4 \cdot 7^3}$$

Si tenemos que multiplicar sumas y restas con radicales, utilizamos, además, la propiedad distributiva.

Por ejemplo:

$$(5 - \sqrt[3]{32}) \cdot (\sqrt{3} - \sqrt[3]{48}) = 5\sqrt{3} - \sqrt[3]{32} \cdot \sqrt{3} - 5\sqrt[3]{48} + \sqrt[3]{32} \cdot \sqrt[3]{48}$$
$$= 5\sqrt{3} - \sqrt[3]{16 \cdot 2} \cdot \sqrt{3} - 5\sqrt[3]{16 \cdot 3} + \sqrt[3]{16 \cdot 2} \cdot \sqrt[3]{16 \cdot 3} =$$
$$= 5\sqrt{3} - 2\sqrt[3]{2} \cdot \sqrt{3} - 5 \cdot 2\sqrt[3]{3} + 2 \cdot \sqrt[3]{2} \cdot 2 \cdot \sqrt[3]{3} =$$
$$= 5\sqrt{3} - 2\sqrt[3]{2} \cdot \sqrt[3]{9} - 10\sqrt[3]{3} + 4 \cdot \sqrt[3]{2} \cdot \sqrt[3]{3} =$$
$$= 5\sqrt{3} - 2\sqrt[3]{18} - 10\sqrt[3]{3} + 4\sqrt[3]{6}$$

Racionalización de denominadores

Como ya vimos anteriormente, para poder simplificar al máximo las expresiones, es conveniente dejar los radicales siempre en el numerador.

Veamos cómo podemos hacer esto en cada caso:

· Si en el denominador tenemos una raíz cuadrada, multiplicamos numerador y denominador por la misma raíz. Si $a > 0$:

$$\frac{b}{\sqrt{a}} = \frac{b}{\sqrt{a}} \cdot \frac{\sqrt{a}}{\sqrt{a}} = \frac{b \cdot \sqrt{a}}{\sqrt{a^2}} = \frac{b \cdot \sqrt{a}}{a}$$

· Si la raíz es cúbica, multiplicamos numerador y denominador por $\sqrt[3]{a^2}$:

$$\frac{b}{\sqrt[3]{a}} = \frac{b}{\sqrt[3]{a}} \cdot \frac{\sqrt[3]{a^2}}{\sqrt[3]{a^2}} = \frac{b \cdot \sqrt[3]{a^2}}{\sqrt[3]{a^3}} = \frac{b \cdot \sqrt[3]{a^2}}{a}$$

En general, debemos multiplicar y dividir convenientemente para transformar la expresión en otra equivalente que no tenga raíces en el denominador. O sea, para $a > 0$:

$$\frac{b}{\sqrt[n]{a}} = \frac{b}{\sqrt[n]{a}} \cdot \frac{\sqrt[n]{a^{n-1}}}{\sqrt[n]{a^{n-1}}} = \frac{b \cdot \sqrt[n]{a^{n-1}}}{\sqrt[n]{a} \cdot \sqrt[n]{a^{n-1}}} = \frac{b \cdot \sqrt[n]{a^{n-1}}}{\sqrt[n]{a^n}} = \frac{b \cdot \sqrt[n]{a^{n-1}}}{a}$$

Problema VII

En principio deberíamos decidir si la suma de los segmentos que miden $\dfrac{-1+\sqrt{5}}{2}$

unidades y $\dfrac{3-\sqrt{5}}{2}$ unidades forman el segmento que mide 1 unidad.

$$\dfrac{-1+\sqrt{5}}{2} + \dfrac{3-\sqrt{5}}{2} = \dfrac{-1+\sqrt{5}+3-\sqrt{5}}{2} = \dfrac{2}{2} = 1$$

Hagamos un esquema de la situación.

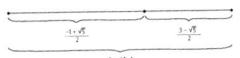

Para analizar si el segmento de 1 unidad está dividido en partes armónicas debemos verificar si la división entre el segmento mayor y el menor da el mismo resultado que la división entre el segmento mayor y la unidad. Resolvamos estas divisiones.

$$\dfrac{\text{segmento mayor}}{\text{segmento menor}} = \dfrac{\dfrac{-1+\sqrt{5}}{2}}{\dfrac{3-\sqrt{5}}{2}} = \dfrac{-1+\sqrt{5}}{3-\sqrt{5}}$$

$$\dfrac{\text{segmento unidad}}{\text{segmento mayor}} = \dfrac{1}{\dfrac{-1+\sqrt{5}}{2}} = \dfrac{2}{-1+\sqrt{5}}$$

División con radicales

Para encontrar la primera razón necesitamos hacer la división: $\dfrac{-1+\sqrt{5}}{3-\sqrt{5}}$.

Para lograr simplificar esta expresión y que no aparezca el radical en el denominador, usaremos la siguiente propiedad:

Diferencia de cuadrados:
$(a - b) \cdot (a + b) = a^2 - ab + ba - b^2 = a^2 - b^2$ (1)

Llamamos conjugado de la expresión $a + b$ a la expresión $a - b$.

Observando la propiedad ☐ vemos que si **a** y/o **b** son radicales de índice 2, entonces al multiplicarlos por el conjugado desaparece el signo radical. Por eso es que para poder dividir radicales, lo que hacemos es multiplicar numerador y denominador por el conjugado del denominador, con el objetivo de eliminar el signo radical del denominador.

Veamos cómo lo hacemos:

Multiplicamos numerador y denominador por el conjugado del denominador:

$$\frac{-1+\sqrt{5}}{3-\sqrt{5}} = \frac{(-1+\sqrt{5})(3+\sqrt{5})}{(3-\sqrt{5})(3+\sqrt{5})} =$$

Aplicamos la propiedad distributiva en el numerador y expresamos como diferencia de cuadrados el denominador:

$$\frac{-3+3\sqrt{5}-\sqrt{5}+5}{9-5} = \frac{2+2\sqrt{5}}{4} =$$

Sacamos factor común en el numerador y simplificamos.

$$\frac{2(1+\sqrt{5})}{4} = \frac{1+\sqrt{5}}{2}$$

De forma análoga:

$$\frac{2}{-1+\sqrt{5}} = \frac{2(-1-\sqrt{5})}{(-1+\sqrt{5})(-1-\sqrt{5})} = \frac{-2-2\sqrt{5}}{1-5} = \frac{-2-2\sqrt{5}}{-4} = \frac{-2(1+\sqrt{5})}{-4} = \frac{1+\sqrt{5}}{2}$$

Como los dos resultados coinciden, el segmento está dividido en partes armónicas.

Para **dividir dos radicales**, si el denominador es de la forma $a + b \cdot \sqrt{c}$ o $a \cdot \sqrt{d} + b \cdot \sqrt{c}$, multiplicamos numerador y denominador por el conjugado del denominador y utilizamos la propiedad distributiva para obtener el cociente.

Por ejemplo:

$$\frac{2}{2\sqrt{5}-3\sqrt{7}} = \frac{2}{2\sqrt{5}-3\sqrt{7}} \cdot \frac{2\sqrt{5}+3\sqrt{7}}{2\sqrt{5}-3\sqrt{7}} = \frac{2(2\sqrt{5}+3\sqrt{7})}{2^2(\sqrt{5})^2 - 3^2(\sqrt{7})^2} =$$

$$= \frac{4\sqrt{5}+6\sqrt{7}}{4\cdot 5 - 9\cdot 7} = \frac{4\sqrt{5}+6\sqrt{7}}{-43} = -\frac{4}{43}\sqrt{5} - \frac{6}{43}\sqrt{7}$$

1. Calculen $3\sqrt[3]{6}$ con tres cifras decimales.

2. Decidan si estas afirmaciones son verdaderas o falsas. Justifiquen las respuestas.

a. $\sqrt[3]{27} + 4$ es un número irracional.

b. $\sqrt{6} - 4$ es un número racional.

c. $\sqrt{4} - 2$ es un número entero.

d. $\sqrt{0,81} \in I$

e. $0,\overline{3} \in I$

3. Ubiquen los números $\sqrt{7}$, $\sqrt{6}$, $-\sqrt{3} + 1$, $\sqrt{7} + 1$ en esta recta numérica.

4. Hallen los valores de x que verifican las siguientes ecuaciones. Escriban el conjunto solución.

a. $|x| = 0$

b. $|x - 3| = 0$

c. $|2x - 9| = 4$

d. $|x - 5| = |2x + 3|$

5. Hallen los valores de x y escriban el conjunto solución de: $|3x - 2| = |-5x + 8|$.

6. Determinen cuál de estos números es mayor si $0 < y < x < 1$. Escriban por qué.

$$\sqrt{x} + 1 \qquad \sqrt{y} \qquad y^2 + 1 \qquad x^2$$

7. Determinen en cada caso, cuál es la opción correcta. Justifiquen.

a. Las aproximaciones por truncamiento son:

i. siempre mayores que el número exacto;

ii. siempre menores o iguales al número exacto;

iii. a veces mayores y a veces menores que el número exacto.

b. Las aproximaciones por redondeo son:

i. siempre mayores que el número exacto;

ii. siempre menores o iguales al número exacto;

iii. a veces mayores y a veces menores que el número exacto.

8. Escriban en forma de intervalo los segmentos marcados en la recta numérica.

a.
1   3

b.
−2   5

9. Realicen estos cálculos.

a. $\sqrt{2}\,\sqrt{6}\,\sqrt{3} - \sqrt[3]{-9}\,\sqrt[3]{3} =$

b.  $\dfrac{\left(\sqrt{\frac{1}{3}}\right)^{-3}\sqrt{\frac{4}{5}}\left(\sqrt{\frac{5}{4}}\right)^{-1}}{\sqrt{\frac{3}{2}}\cdot\sqrt{\frac{1}{2}}} =$

c. $\left(\sqrt[4]{7} - 1\right)\left(\sqrt[4]{7} + 1\right) =$

d. $5\sqrt{3} + 4\sqrt{48} - 3\sqrt{12} + 4\sqrt{27} =$

e. $\sqrt[12]{(-8)^4} =$

f. $\dfrac{\sqrt{3}}{\sqrt{19} - \sqrt{18}} =$

g. $\sqrt[17]{\sqrt[5]{-1}} =$

h. $\dfrac{2}{\sqrt[3]{-9}} =$

10. Sabiendo que $x - y = 12$; $\sqrt{x} - \sqrt{y} = 4$, con $x > 0$, $y > 0$, calculen:

a. $2\left(\sqrt{x} + \sqrt{y}\right) =$

b. $\dfrac{1}{\sqrt{x} + \sqrt{y}} =$

11. Encuentren los valores de x que verifican estas igualdades.

a. $\left(1 - \sqrt{6}\,x\right)\sqrt{7} + \dfrac{\sqrt{6x}}{\sqrt{7} - \sqrt{6}} = x^2 + \dfrac{7}{\sqrt{7}}$

b. $\left(7x^2 - 14\right)\left(x + \sqrt{3}\right) = 0$

c. $\dfrac{1}{2}\cdot\left(\sqrt{2}\,x - \dfrac{\sqrt{12}}{2}\right)^2 + \dfrac{\sqrt{8}}{4} = x^2 - \dfrac{1}{\sqrt{2}} + 1$

d. $\sqrt[3]{\dfrac{x - 1}{x + 1}} = 5$

2

Funciones

Es usual encontrar información presentada en forma de gráficos. Ellos nos muestran relaciones entre distintas variables, como por ejemplo: la recaudación impositiva durante los meses de un año, la esperanza de vida de cada país, el crecimiento de una población de bacterias en un determinado período, entre otros. Muchas de estas relaciones son funciones; en algunos casos, es posible describirlas a través de fórmulas matemáticas, las cuales permiten predecir comportamientos.

Funciones

Problema I

Observen el siguiente gráfico, extraído del diario *La Nación* del 6 de marzo de 2001, que representa la producción y la venta de automotores en nuestro país durante un año.

a. ¿En qué mes fue la máxima producción de autos?

b. ¿En qué período cayeron más las ventas?

c. ¿En qué meses hubo mayor diferencia entre la producción y la venta de automóviles?

d. ¿Cómo explicarían que en enero y febrero de 2000 las ventas hayan sido mayores que la producción?

---

1. Observen el siguiente gráfico publicado en una comunicación científica para médicos.

a. ¿Qué información se da en él?

b. ¿Qué significa el punto en el que las dos poligonales coinciden?

EVOLUCIÓN DEL PESO CORPORAL
Y DEL CEREBRO EN DISTINTAS EDADES

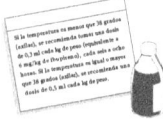

2. Lean el prospecto de un remedio antitérmico para niños.

a. ¿Qué cantidad de remedio le darían a un bebé que pesa 5 kg y tiene 37,7° de temperatura?

b. ¿Cuánto pesa Nico si debe tomar 12 ml cada 6 horas y tiene 38,2° de temperatura?

Problema II

Los teléfonos celulares tienen asignados a sus teclas letras y números, por lo cual muchas empresas que cuentan el servicio de atención al cliente, los tres de memorizar para sus clientes. Así, por ejemplo una marca más barata tiene el número 0123, que se corresponde con el que es SALUDA.

a. ¿Qué números habrá que marcar para comunicarse con un control? SALUD?

b. ¿A qué palabra corresponde el número 0345?

c. ¿Cuáles son las variables que se vinculan en este problema?

1. Relean todos los problemas anteriores y resuélvan en la carpeta:
2. ¿Cuáles son las variables que se vinculan en cada uno?
3. Identifiquen las variables dependiente e independiente.

Dominio e imagen de una función

Problema III

Roberto tiene un desvalija de madera para armar un mueble a su gusto. Considera las posiciones posibles del marco y completen la siguiente tabla que vincula el ancho con el largo del mismo.

5. ¿Cuál/es de las siguientes tablas corresponde/n a funciones? Expliquen cómo lo pensaron.

5. ¿Cuáles de los siguientes gráficos corresponden a funciones con dominio real? Expliquen cómo lo pensaron.

Problema IV

¿Cómo es posible hallar el dominio y la imagen de las siguientes funciones?

$f(x) = 3x + 5$

$x(x) = \frac{1}{x}$

6. Hallen en dominio y la imágen de las siguientes funciones.

$a(x) = 7x - 2$ 　　　　 $b(x) = x^2$ 　　　　 $e(x) = x - 5$

$g(x) = \frac{1}{x^2 + 1}$ 　　　 $r(x) = \frac{1}{x^3}$ 　　　 $f(x) = \frac{1}{x - 5}$

$c(x) = \sqrt{x}$ 　　　　 $d(x) = \frac{1}{x + 3}$ 　　　 $h(x) = \sqrt{x^2 - 4}$

$i(x) = \frac{1}{x^2 - 4}$ 　　　 $j(x) = \frac{1}{x^2 + 4}$ 　　　 $k(x) = \sqrt{x^2} - 4$

Indiquen el dominio de cada una de las siguientes funciones.

Precio de un paquete de galletitas en función del peso.

Cantidad de harina necesaria para una receta en función de las porciones que se quiere hacer.

Variación de la temperatura en una ciudad en función del tiempo.

a. ¿Cuáles de los siguientes gráficos corresponden a funciones f: R → R? Justifiquen sus respuestas.

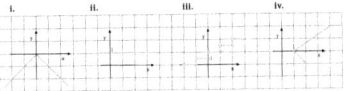

I.　　ii.　　iii.　　iv.

b. Indiquen el dominio y la imagen de las funciones anteriores.

c. Unan cada función a su dominio.

$f(x) = \dfrac{x}{x + 5}$　　　(25 ; + ∞)

(5 ; + ∞)

$g(x) = \sqrt{x - 25}$　　　R – {–5}

R

$h(x) = x^2 + 3x$　　　R*

(0 ; 4) ∪ (4 ; +∞)

$i(x) = \dfrac{x - 2}{x^2 - 4}$　　　R – {2 ; –2}

Análisis de funciones

Problema V

La doctora Diet, nutricionista, registra una vez al mes, en un gráfico cartesiano, la variación del peso en gramos, de sus pacientes en función del tiempo de tratamiento. Este gráfico corresponde a la señora Paciente, quien comenzó la dieta con 88 kg y realiza su consulta a la doctora Diet una vez por mes.

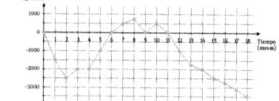

a. ¿Cuánto pesaba el paciente en la tercera consulta? ....
b. ¿Cuánto aumentó entre el cuarto y el quinto peso? ....
c. ¿En qué mes alcanzó su menor peso? ¿Y el mayor? ....
....
d. ¿En qué períodos bajó de peso? ....
e. ¿En qué períodos subió de peso? ....
f. ¿Hubo algún momento en el que su peso no varió? ....
g. ¿En qué meses la paciente volvió a pesar lo mismo que al comenzar el tratamiento?
....

9. La anorexia nerviosa es la tercera enfermedad crónica más común en mujeres adolescentes. La bulimia se ha incrementado a un paso más rápido que la anorexia en los últimos cinco años. El 90% de los pacientes son mujeres. El gráfico muestra la distribución por edades de las enfermedades que tienen que ver con trastornos en la alimentación, respecto de las edades de las personas afectadas.

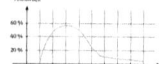

a. ¿A qué edad se da el mayor porcentaje de personas afectadas?

b. ¿Qué edad aproximada tiene el 20% de los enfermos?

c. ¿Entre qué edades se da el crecimiento más abrupto en los porcentajes?

10. Hallen el dominio y los ceros de las siguientes funciones.

$f(x) = x^2 - 4$ $m(x) = x + 7$

$k(x) = 2x - 5$ $g(x) = 2x^2 - 32$

$h(x) = (3x - 1)(x + 3)$ $t(x) = (x^2 + 4)(x - 2)$

11. a. ¿Cómo reconocemos en el gráfico de una función cuáles son sus ceros?

b. ¿Y en una tabla?

12. A continuación se presentan gráficos de diferentes funciones. Para cada uno de ellos determinen máximos y mínimos absolutos y relativos.

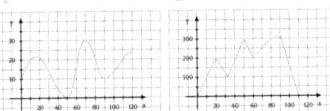

13. Dada la siguiente función indiquen el dominio, la imagen, la intersección con los ejes, los intervalos de crecimiento y decrecimiento, y de positividad y negatividad.

Clarín, domingo 4 de febrero de 2001.

11. El siguiente gráfico representa la evolución en la cotización de la soja, en dólares, por tone-
lada, en agosto y septiembre de 2001.

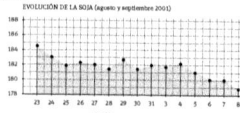

a. Describan el gráfico, indicando máximos y mínimos, intervalos de crecimiento y decrecimiento.

b. Realicen el gráfico de la variación del precio de la soja en función del tiempo, tomando
como base el valor correspondiente al 25 de agosto y hallen los conjuntos de positividad y
negatividad.

12. Construyan el gráfico de una función que tenga un máximo relativo en (100 ; 25), un mínimo absoluto en (200 ; 50) y un máximo absoluto en (400 ; 100).

Corrimientos

Problema VI

Una aeronauta registró la altura a la que vuela un avión que parte de un aeropuerto al nivel del mar, durante un vuelo. La representación de la siguiente manera:

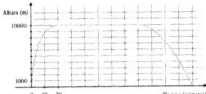

a. Si el avión parte de un aeropuerto que está a 5000 m de altura respecto del nivel del mar y realiza un viaje en las mismas condiciones que el anterior, ¿cómo será el gráfico de la función que vincula su altura respecto del nivel del mar y el tiempo de vuelo? Resolver, si es posible, este gráfico en el anterior.

b. ¿Cómo será el gráfico de otro avión que sale desde un aeropuerto ubicado a nivel del mar y realiza un viaje en las mismas condiciones pero demora veinte minutos más que el anterior. Resolver, si es posible, este gráfico sobre el anterior.

c. ¿En qué se parecen y en qué se diferencian estos gráficos?

Problema VII

Un auto da está recorriendo una pista circular. El siguiente gráfico representa la distancia hasta la largada en función del tiempo.

a. ¿Cómo será el gráfico de otro auto que está recorriendo la misma pista pero lo hace en la mitad del tiempo? Resolver, si es posible, este nuevo gráfico sobre el anterior.

b. Comparar ambos gráficos.

El programa Graphmatica

Graphmatica es un graficador que se puede bajar libremente de Internet.
Cuando abran el programa verán esta pantalla:

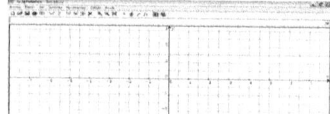

Para graficar una función basta con poner su fórmula en la barra correspondiente y apretar la
tecla *enter*. La notación que acepta el programa para la introducción de los datos es y = f(x).

1. a. Grafiquen en la computadora $f(x) = x^2$. Para hacerlo escriban en la barra: y = x^2 *enter*.
b. Grafiquen, sobre el dibujo anterior: g(x) = f(x) + 1 y h(x) = f(x) – 1.
c. ¿Qué modificación realizó al gráfico de f(x) en cada caso?

d. ¿Cómo se imaginan que será el gráfico de t(x) = f(x) + 2?

e. ¿Y el de m(x) = f(x) – 2?

f. Verifiquen las respuestas d. y e. con la computadora. Si la respuesta no fue correcta escriban
por qué consideran que ocurrió eso.

2. a. Grafiquen en la computadora $f(x) = x^2$. Para hacerlo escriban en la barra: y = x^4 *enter*.
b. Grafiquen, sobre el dibujo anterior: g(x) = f(x +1) = – (x + 1)^4 y h(x) = f(x – 1) = – (x – 1)^4.
c. ¿Qué modificación realizó al gráfico de f(x) en cada caso?

d. ¿Cómo es la fórmula de t(x) = f(x + 2)? ¿Cómo se imaginan que será el gráfico de t(x) = f(x + 2)?

e. ¿Y el de m(x) = f(x – 2)?

f. Verifiquen las respuestas d. y e. con la computadora. Si la respuesta no fue correcta escriban
por qué consideran que ocurrió eso.

El concepto de función

Problema I

Para responder a las preguntas de este problema, debemos analizar el gráfico. En él se representan los meses del año en el eje horizontal y las unidades producidas o vendidas, en el vertical. Si bien no está indicada la escala en el eje vertical, se incluyen dentro del gráfico algunos puntos que nos permiten deducir que cada división en este eje representa 5000 unidades y que comienza desde el 10000. Cuando nos proponemos averiguar en qué mes fue la máxima producción de autos, tenemos que buscar el punto en que la producción alcanzó su mayor valor. Esto sucedió en marzo de 2000.

Observamos en el gráfico correspondiente a las ventas que entre octubre y noviembre de 2000 fue el período en el que más cayeron las ventas. Para la tercera pregunta, analizamos ambos gráficos simultáneamente. La mayor distancia entre las curvas se observa en noviembre de 2000; por lo tanto, es en ese mes cuando se produjo la mayor diferencia. Si analizamos detenidamente el gráfico, vemos que los puntos marcados en él indican la cantidad de automóviles vendidos o producidos en cada uno de los meses considerados. Estos puntos son los únicos que representan la relación; en realidad, no hay puntos intermedios. Si consideramos un punto perteneciente a un segmento determinado por dos de estos puntos, el mismo no nos da ninguna información sobre la relación que estamos estudiando. Estos segmentos se trazan con el objetivo de analizar la tendencia, es decir, si aumentó o disminuyó la producción o la venta.

Problema II

Cuando estudiamos la relación planteada en este problema, vemos que es sencillo contestar a la primera pregunta porque a cada letra le corresponde un número; por lo tanto, para la heladería marcaremos 08004 352367. En cambio, no sucede lo mismo en el caso de la pregunta b, pues a cada número le corresponde más de una letra y, por lo tanto, no hay una única combinación de letras que se vincule a este número telefónico. Por ejemplo, TIDENS y UGFENS, entre otros.

En estos problemas se vinculan, en distintas situaciones, algunas variables. Por ejemplo, el gráfico del problema I relaciona la producción, por un lado, y, por otro, las ventas en el mismo período. Relacionamos entonces dos variables: la cantidad de autos vendidos y cada mes del año. En este caso decimos que la cantidad de autos es la **variable dependiente** del mes considerado, que es la **variable independiente**.

Vemos que en ese caso podemos responder a las preguntas porque a cada valor de la variable independiente le corresponde un único valor de la dependiente. En cambio, en el problema II esto sucede solo con la relación que le asigna a cada letra el número que está en la misma tecla, ya que no ocurre lo mismo con la correspondencia que a cada número le asigna una letra de la misma tecla por haber varias posibilidades. Además, al 1 y al 0 no se les asigna ninguna letra. Nos interesa analizar ahora aquellas relaciones que vinculan todos y cada uno de los valores de la variable independiente a un único valor de la dependiente.

Una relación entre dos variables es función si a cada valor de la variable independiente le corresponde un único valor de la variable dependiente.

En general para designar una función se usa una letra minúscula, por ejemplo, f. Cuando se escribe f(x) estamos diciendo que al valor x de la variable independiente le corresponde el valor f(x) de la variable dependiente.

Por ejemplo: $f: \mathbb{R} \to \mathbb{R} / f(x) = \sqrt{x}$ no es función porque a los números negativos no les corresponde ningún número real.

$g(x): \mathbb{R} \to \mathbb{R} / g(x) = x^5 - 6x$ es función porque, si a cualquier número real lo elevamos a la quinta y le restamos seis veces ese mismo número, obtenemos siempre un número real.

En este caso la variable x toma el valor 1 y le corresponde el valor $g(1) = 1^5 - 6 \cdot 1 = -1$.

¿Cómo podemos ver en un gráfico si lo relación representada es función? Como queremos determinar si para cada valor de x existe un único valor de y, trazamos rectas verticales por todos los valores x del dominio. Si todas cortan a la curva y lo hacen en un solo punto, entonces la gráfica corresponde a una función.

Dominio e imagen de una función

Problema III

El marco de Roberto puede ser, por ejemplo:

  0,5 m

0,5 m

  0,4 m

0,6 m

Roberto tiene muchas posibilidades para construir su marco, pero no puede fabricar uno de 1 m de largo ni de 1,5 m de ancho, porque en estos casos no tendría suficiente varilla para los cuatro lados. El marco de Roberto debe tener el largo y el ancho menores que 1. Por lo tanto, los valores que puede medir el largo son los números racionales entre 0 y 1.

El dominio de una función f es el conjunto de todos los valores que puede tomar la variable independiente. Se denota Dom f o Df.

Por ejemplo, el dominio de la función del problema III es el conjunto de los números entre 0 y 1.

Si analizamos ahora los valores que puede tomar la variable dependiente en el problema anterior, observamos que tiene las mismas limitaciones que la independiente. Por lo tanto, los valores que puede tomar la variable dependiente son los números entre 0 y 1.

La imagen de una función f es el conjunto de todos los valores que toma la variable dependiente. Se denota Im f o If.

Por ejemplo, la imagen de la función que vincula el precio de venta de un artículo con su precio de costo es el conjunto de los números positivos con dos cifras decimales.

El conjunto de llegada es un conjunto en el cual está incluida la imagen.
La ley de formación puede estar dada en el lenguaje natural a través de una tabla, una fórmula o un gráfico cartesiano. Para definir una función deben darse el dominio, el conjunto de llegada y una ley de formación.

f: A → B
La función f está definida de A en B, es decir, tiene dominio A e imagen contenida en B.

Problema IV

Analicemos cómo podemos hallar el dominio y la imagen de algunas funciones numéricas definidas por fórmulas como las de este problema.

$$f(x) = 3x + 7$$

Todas las operaciones que se deben efectuar para hallar la imagen de un valor a través de esta función son válidas para todo número real, por lo tanto, Dom f = R.
Analicemos su imagen: tomemos un número real **y** cualquiera. ¿Estará en la imagen? Para responder a esta pregunta, debemos analizar si existe algún número **x** tal que:

$$y = f(x) \iff y = 3x + 7 \iff x = \frac{y - 7}{3}$$

Este **x** existe siempre para todo **y** porque las operaciones son válidas para cualquier número real. Por lo tanto, la imagen de esta función es el conjunto de todos los números reales. Im f = R.

Veamos ahora la función: $g(x) = \dfrac{1}{x}$

Como la división por 0 no está definida, el dominio de esta función es el conjunto de todos los números reales distintos de 0, simbólicamente: Dom g = R − { 0 }.

Si llamamos **y** al valor que le corresponde a **x** a través de esta función, para hallar el conjunto imagen tenemos que analizar qué valores toma **y**.

Para ello escribimos:

$$y = \frac{1}{x} \Leftrightarrow x = \frac{1}{y}$$

Este número **x** existe para cualquier **y** distinto de cero. Por lo tanto, la imagen de esta función es: $\text{Im } g = R - \{0\}$.

Tal como lo hicimos en este ejemplo, es muy usual llamar **y** al valor que le corresponde a **x** a través de una función. Por este motivo, cuando se define una función a través de su fórmula se usa indistintamente **f(x)** o **y**.

Análisis de funciones

Problema V

Para responder a las preguntas anteriores debemos tener en cuenta que el gráfico representa la variación del peso de la paciente, es decir que el punto $(3 ; -2000)$ nos indica que en el tercer mes bajó 2000 g. En la tercera consulta pesaba 96 kg pues había bajado 2 kg. Entre el cuarto y el quinto mes aumentó 1 kilo. Si observamos globalmente la gráfica, vemos que desde que comenzó la dieta y hasta el segundo mes, la paciente fue bajando de peso; a partir de allí subió de peso hasta la octava consulta, luego bajó hasta la visita siguiente y volvió a aumentar durante el décimo mes para luego seguir bajando durante el resto del período registrado. También podemos ver que en la sexta, novena y undécima consultas pesaba lo mismo que en el momento que comenzó su tratamiento ya que la variación que muestra el gráfico es 0.

Ceros o raíces de una función

Los ceros o raíces de una función son aquellos valores del dominio cuya imagen es cero.

Por ejemplo, en el caso de la función que estamos estudiando, los ceros corresponden a los meses en que la señora Pacient volvió a su peso inicial, es decir que la variación fue nula en esos meses, lo que ocurrió al sexto, noveno y undécimo meses. Son los valores de **x** donde el gráfico corta al eje **x**.

¿Cómo hallamos los ceros en una función dada por su fórmula?

Analicemos la función $f: R \to R / f(x) = x^2 - 4$.

Intervalos de crecimiento y decrecimiento

Si volvemos a pensar en el problema de la doctora Diet y analizamos la función que relaciona la variación del peso de la señora Pacient con el tiempo, podemos observar que en los intervalos (2 ; 3), (4 ; 8) y (9 ; 10), la variación del peso aumenta, es decir, la paciente sube de peso. Esos son los intervalos de crecimiento de la función. Del mismo modo, en los intervalos (0 ; 2), (8 ; 9) y (11 ; 18) su peso disminuye, son los intervalos de decrecimiento de la función.

Un intervalo de crecimiento de una función es un subconjunto I del dominio para el cual a mayores valores de la variable independiente le corresponden mayores valores de la variable dependiente. Simbólicamente escribimos:

Si a y b son valores de I, con a > b, se cumple que: $f(a) > f(b)$

Un intervalo de decrecimiento de una función es un subconjunto I del dominio para el cual a mayores valores de la variable independiente le corresponden menores valores de la variable dependiente. Simbólicamente escribimos:

Si a y b son valores de I, con a > b, se cumple que: $f(a) < f(b)$

Máximos y mínimos

La función f alcanza un **máximo absoluto** en el punto a del dominio si para todo x perteneciente al mismo, $x \neq a$, la imagen de x es menor que la de a. Simbólicamente escribimos:

Si a es máximo absoluto, para cualquier $x \in$ Dom f, $x \neq a$: $f(x) < f(a)$

La función f alcanza un **mínimo absoluto** en el punto a del dominio si para todo x perteneciente al mismo, $x \neq a$, la imagen de x es mayor que la de a. Simbólicamente escribimos:

Si a es mínimo absoluto, para cualquier $x \in$ Dom f, $x \neq a$: $f(x) > f(a)$

Por ejemplo, en el caso de la variación del peso de la señora Pacient, el máximo absoluto se produce el octavo mes y es de 750 g y, en 18, la función alcanza un mínimo absoluto que es de −3500 g.

La función f alcanza un **máximo relativo** en a si existe un intervalo que contiene a, a tal que para todo x perteneciente a dicho intervalo, x ≠ a, la imagen de x es menor que la de a. Simbólicamente escribimos:

Existe un intervalo I con a ∈ I tal que si x ∈ I, x ≠ a ⇒ f(x) < f(a).La función f alcanza un **mínimo relativo** en a si existe un intervalo que contiene a, a tal que para todo x perteneciente a dicho intervalo, x ≠ a, la imagen de x es mayor que la de a. Simbólicamente escribimos:

$$\text{Existe un intervalo I con a} \in \text{I tal que si } x \in \text{I, } x \neq a \Rightarrow f(x) > f(a)$$

Por ejemplo, en el caso de la variación del peso de la señora Pacient, la función alcanza un máxi-mo relativo en 10, que es de 500 g y alcanza un mínimo relativo en 2, que es de - 2500 g.

Conjuntos de positividad y negatividad

El conjunto de positividad (C⁺) de una función es el subconjunto del dominio cuyas imá-genes son números positivos.

Por ejemplo, en el caso de la señora Pacient, el conjunto de positividad es C⁺ = (6 ; 9) ∪ (9 ; 11).

El conjunto de negatividad (C⁻) de una función es el subconjunto del dominio cuyas imá-genes son números negativos.

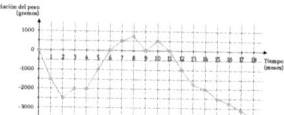

Por ejemplo, en la función que estamos estudiando, los intervalos para los cuales las imágenes son negativas son (0 ; 6), y (11 ; 18), es decir que C⁻ = (0 ; 6) ∪ (11 ; 18).

Corrimientos

Problema VI

a. Como las variaciones de altura son iguales, la altura inicial será 1000 m mayor y lo mismo sucederá con todas las alturas que alcance el avión durante el vuelo. Por lo tanto, el gráfico tiene la misma forma pero está corrido 1000 m hacia arriba.

b. En este caso lo que se modifica es la hora de partida, por esto alcanzará exactamente las mismas alturas que el primer avión pero 20 minutos después. En el gráfico quedará la misma curva pero corrida 20 minutos hacia la derecha. Representemos en un mismo par de ejes los tres gráficos para verlo mejor:

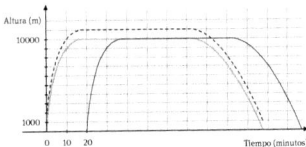

Hemos representado la función a(t) que vincula la altura, **a**, del avión con el tiempo expresado en horas del día, **t**.

Cuando el avión sale a 1000 m sobre el nivel del mar, a cada valor de la variable dependiente le sumamos los 1000 m iniciales, es decir, estamos representando a(t) + 1000.

En cambio, en el caso del avión que demora 20 minutos más, se modifica la variable independiente. Si llamamos b (T) a la función que vincula la altura del tercer avión al tiempo de viaje de este avión, ¿qué relación hay entre el tiempo de viaje desde que parte este avión y el tiempo del primero? Veámoslo en una tabla:

Como las alturas son las mismas: b (T) = a (t – 20).

El matemático que introdujo los términos *variable, constante, función* y *abscisa* fue Gottfried Wilhelm Leibniz (1646-1716). Leibniz fue un filósofo, matemático y estadista alemán, considerado uno de los mayores intelectuales del siglo XVII. Nacido en Leipzig, se educó en las universidades de esa ciudad, de Jena y de Altdorf.
La contribución de Leibniz a la Matemática consistió en enumerar, en 1675, los principios fundamentales del cálculo infinitesimal. En 1672 también inventó una máquina de calcular capaz de multiplicar, dividir y extraer raíces cuadradas. Es considerado un pionero en el desarrollo de la lógica matemática.

Problema VII

El nuevo gráfico se repite en la mitad del tiempo que el anterior, es decir que la gráfica se "afinó a la mitad".

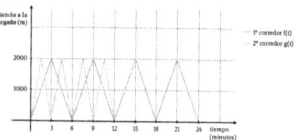

Llamemos f(t) a la función que vincula la distancia a la largada del primer corredor al tiempo y, análogamente, g(t) a la función correspondiente al segundo corredor.
Como vemos en el gráfico, g(t) y f(t) toman los mismos valores en diferentes momentos. Analicemos las llegadas a la largada, o sea, los ceros de las funciones.

Ceros de **f**: 0, 6, 12, 18...   Ceros de **g**: 0, 3, 6, 9...

Vemos que el primer corredor tarda en dar una vuelta el doble de tiempo que el segundo. Por lo tanto: g(t) = f(2t)

En conclusión:
- El gráfico de f(x – a) es el gráfico de f(x) corrido a unidades hacia la derecha sobre el eje x.
- El gráfico de f(x) + a es el gráfico de f(x) corrido a unidades hacia arriba sobre el eje y.
- El gráfico de f(ax) es el gráfico de f(x) "afinado" o "ensanchado" a veces según sea a mayor o menor que 1, respectivamente.
- f(x + a), f(x) + a y f(ax) se llaman corrimientos de f(x).

1. Las siguientes tablas representan relaciones entre dos variables. Identifiquen cuáles son funciones. Para aquellas que lo sean, indiquen dominio e imagen.

a.

b.

c.

d.

e.

2. Indiquen cuáles de las siguientes relaciones definidas en R son funciones. Justifiquen.

$d(x) = \sqrt{x - 2}$ ....

$s(x) = \sqrt{x^2} + 5$ ....

$r(x) = \dfrac{1}{x + 2}$ ....

$t(x) = \dfrac{1}{x^4 + 1}$ ....

3. Analicen el siguiente gráfico que corresponde a la función **f** y completen con la información pedida.

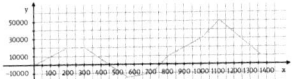

Dominio: .... Imagen: .... Ceros: ....

Máximo absoluto: .... Mínimo absoluto: ....

Intervalos de positividad: .... Intervalos de negatividad: ....

Intervalos de crecimiento: .... Intervalos de decrecimiento: ....

4. Dibujen una función que tenga un máximo absoluto en x = 5, un mínimo relativo en x = 8, sus ceros sean x = −2, x = 6 y x = 10.

5. Para cada una de las siguientes funciones indiquen el dominio, la imagen, y los intervalos de crecimiento y decrecimiento.

...más desocupados...
Octubre de cada año

Cifras en millones

2,027

Mayor pobreza...
Octubre de cada año
Capital y Gran Buenos Aires

Cifras en porcentajes de la población

28,9 %

Clarín, domingo 4 de febrero de 2001.

3

Algunos modelos funcionales

Ante situaciones concretas como el espacio recorrido por un móvil, el estiramiento de un resorte según la fuerza que se le aplica, el aumento de temperatura de una sustancia al calentarla, entre otras, los científicos analizan cómo se vinculan las variables en juego y buscan fórmulas matemáticas que describan las relaciones que mantienen la misma regularidad. Cuando la relación se caracteriza por una velocidad de cambio constante, se está ante la presencia de un modelo lineal.

Función lineal

Problema I

Lucía acaba de sacar el registro y se va en auto de vacaciones a Miramar con una amiga. La distancia de Buenos Aires a Miramar es de 500 km. Su mamá, preocupada, le pide que llame a la mitad del viaje, cuando esté a 350 km de Buenos Aires y cuando llegue a Miramar. Para tranquilizarla, Lucía quiere decirle exactamente los horarios en que llamará. Averigua que viajará siempre a velocidad constante, que saldrá de la casa de su amiga en City Bell, distante a 50 km de Buenos Aires, a las 10 hs. y que dos horas más tarde se encontrará a 230 km de Buenos Aires. ¿En qué horarios llamará Lucía a su madre?

1. Lucía debe regresar a Buenos Aires por la misma ruta y a la misma velocidad.
   a. ¿Cuál será la fórmula que le permita calcular ahora la distancia a Buenos Aires en función del tiempo?
   b. ¿Cuál es la pendiente en esta función lineal? ¿Qué representa el signo de este número?
   c. ¿A qué hora llamará ahora a su madre para cumplir con los mismos requisitos que a la ida?

2. ¿Por qué razón en el problema de Lucía el dominio de la función lineal queda restringido a los números reales entre 0 y 5?

Rectas que pasan por dos puntos

Problema II

Ariel es un buen vendedor que trabaja en una empresa de seguros. Allí cobra $500 de sueldo fijo más un 10% de las ventas que realiza en el mes. Su jefe quiere premiarlo y le propone un aumento de sueldo de manera tal que cobre un 15% de las ventas mensuales pero con un sueldo básico de $300. Ariel, desconcertado, piensa que su jefe se está burlando de él y se lo analiza la situación detenidamente. ¿Es justificada la decepción de Ariel?

Analicen gráficamente cuánto debe vender Ariel, en el problema II, para que le convenga la propuesta.

En una función lineal $y = mx + b$, la ordenada al origen es b y la raíz (si $m \neq 0$) es $-\dfrac{b}{m}$. ¿Por qué? ¿Qué pasa con la raíz si $m = 0$?

¿Las rectas verticales son gráficas de funciones? ¿Por qué?

¿Cómo calcularían la pendiente si la función es constante?

a. Determinen la pendiente y la ordenada al origen de estas funciones lineales.

i. $f(x) = -5x + 8$
ii. $f(x) = 9x - 8$
iii. $3x - 2y + 5 = 3$
iv. $5x + 9y = 12$
v. $2y - 3 = x$
vi. $x = \frac{1}{3}y + 9$

b. ¿Cuáles de las funciones lineales anteriores son crecientes? ¿Cuáles son decrecientes?

A continuación les presentamos las fórmulas de varias funciones y sus gráficos. Vinculen cada gráfico con su fórmula, identifiquen las funciones lineales y encuentren su pendiente y su ordenada al origen.

a. $y = 5x + 3$
b. $y = \sqrt{x} + 3$
c. $f(x) = 2x - 8$
d. $y = -2x + 2$
e. $f(x) = 2x^2 - 5$
f. $-3y - 2 = x$

9. A Martín le regalaron un autito a pila, que viaja a velocidad constante, y una pista de madera. Jugando realizó las siguientes mediciones:

a. ¿A qué distancia del inicio de la pista largó Martín el auto?
b. ¿A qué distancia del inicio de la pista llegó el auto a los 20 s de marcha?
c. ¿Cuántos centímetros recorrió el auto en 20 s?
d. ¿Cuál es la velocidad del autito?
e. ¿Cuánto tiempo tardó en estar a 60 cm del inicio de la pista?
f. ¿Cuál será la fórmula que permita calcular la distancia al inicio de la pista en función del tiempo?

10. Los alumnos de una escuela están juntando dinero para su viaje de egresados. Ya tienen ahorrados $1200 y logran juntar $100 por mes.
a. ¿Cuál de estas fórmulas permite saber lo que llevan ahorrado en función de los meses?

i. $y = 100 \cdot x$ **ii.** $y = 1200 \cdot x$ **iii.** $y = 1300 \cdot x$
iv. $y = 100 + 1200 \cdot x$ **v.** $y = 1200 + 100 \cdot x$

b. ¿Qué valor representa la pendiente; cuál la ordenada al origen, y cuál es el significado de ambos?

11. Dos autos se dirigen, a velocidad constante, a Uruguay por una ruta recta. El primero sale a 70 km de Buenos Aires con una velocidad de 65 km/h. Del segundo se registraron los siguientes datos:

a. ¿Qué auto va más rápido? Justifiquen.

b. Encuentren una fórmula que les permita calcular la distancia a Buenos Aires de cada auto en cada momento.

c. ¿En qué momento el primer auto se encuentra a 240 km del punto de donde partió?

d. ¿En qué momento el segundo auto se encuentra a 100 km de Buenos Aires?

e. ¿En qué momento se encuentran ambos autos? ¿A qué distancia de Buenos Aires?

f. Verifiquen gráficamente en la carpeta, las respuestas anteriores. Justifiquen.

12. Dada la función lineal f (x) = −60x + 55, decidan cuál de estos gráficos puede representarla y por qué.

13. Determinen analíticamente si estos puntos están alineados.

a. A = (1 ; 5), B = (−1 ; −9), C = (2 ; 16)   b. A = (1 ; 17), B = (−1 ; 1), C = (2 ; 25)

14. Encuentren, en cada caso, la fórmula de una función lineal que verifique lo pedido.

a. Tiene pendiente −3 y raíz 4
b. Tiene pendiente −2 y ordenada al origen 7
c. Tiene ordenada al origen 4 y raíz −3
d. Pasa por los puntos (−1 ; 2) y ($\frac{1}{2}$; 5)
e. Tiene pendiente 9 y pasa por (−2 ; 5)
f. Tiene ordenada al origen −8 y pasa por (1 ; 4)
g. Pasa por (1 ; −5) y (−3 ; 8)
h. Pasa por (−8 ; 3) y (9 ; −1)

15. Decidan si estas afirmaciones son verdaderas o falsas y expliquen por qué.

a. La ordenada al origen de la función lineal representada en esta gráfica es positiva.

b. El cero de la función lineal representada en esta gráfica es negativo.

c. Una posible ecuación de la recta graficada es x + y = −2.

16. Escriban la fórmula de la función lineal que corresponda a cada gráfico.

17. Si las funciones lineales graficadas tienen la fórmula y = mx + b, unan con flechas qué condición corresponde a cada gráfico y justifiquen por qué.

a.

b.

c.

d.

Rectas paralelas y perpendiculares

Problema III

Denise y su papá están jugando a la Batalla Naval en un tablero como el que se muestra. Para darle una ayuda a su hijo el padre decide poner sus 4 barcos en los vértices de un rectángulo. Ya ubicó tres de ellos en los puntos A = (1 ; 1), B = (2 ; 1) y C = (6 ; 2). ¿Dónde ubicará el cuarto barco?

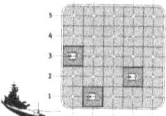

18. Encuentren la fórmula de una recta paralela a la que representa a la función f(x) = -3x +5 y que pase por (-1 ; 8).

19. Encuentren la fórmula de una recta perpendicular a la que corresponde a f(x) = 5x - 8 y que pase por (1 ; -3).

20. Dadas las siguientes funciones lineales decidan cuáles son paralelas, cuáles corresponden a rectas perpendiculares y cuáles, a rectas que no son ni paralelas ni perpendiculares.

a. $y = 2x + 1$
b. $4x - 2y = 1$
c. $8x - 4y = -1$
d. $y = -\frac{1}{2}x + \frac{1}{2}$

e. $x + 2y = 2$
f. $-4y + 1 = 2x$
g. $y = \frac{1}{2}x + 1$
h. $-x + 1 = 2y$

21. Hallen la ecuación de una recta que pase por el punto $(1 ; 3)$ y sea perpendicular a la recta que pasa por los puntos $(-1 ; 1)$ y $(6 ; 5)$.

22. Encuentren la ecuación de una recta que tenga ordenada al origen 9 y sea paralela a la recta que pasa por los puntos $(2 ; 8)$ y $(-2 ; 4)$.

23. Decidan si las rectas $y = 8x + 9$; $12x - \frac{3}{2}y + \frac{29}{2} = 0$ son paralelas.

24. Dados los puntos $A = (1 ; 2)$, $B = (2 ; 3)$ y $C = (3 ; 2)$, encuentren un punto D, tal que ABCD sea un rectángulo. Justifiquen.

25. ¿Pueden los puntos $A = (2 ; 7)$, $B = (4 ; 3)$, $C = (5 ; 4)$ y $D = (4 ; 6)$ ser los vértices de un rectángulo? ¿Por qué?

26. Los puntos $A = (1 ; 1)$, $B = (-3 ; 5)$ y $C = (0 ; 8)$ son tres vértices de un rectángulo. Encuentren el cuarto vértice.

Funciones definidas por tramos

Problema IV

Daniela consiguió un nuevo trabajo como programadora de computadoras en una empresa de electricidad. Su primera tarea es realizar un programa que permita calcular el precio que deberá abonar un usuario conociendo su consumo bimestral. Para ello le entregan estas boletas como la que vemos en la figura. ¿Qué fórmula necesita Daniela para realizar el programa?

27. En el problema IV, ¿cuánto se paga si se consumen 79 kwh? ¿Y 186 kwh?

28. Un psicólogo toma un test de rapidez mental para el ingreso a una universidad. El test consiste en entregar a cada aspirante una lámina que tiene algunas imágenes que debe recordar. La siguiente fórmula indica cuántas imágenes se logran recordar, en promedio, de una lámina de x imágenes.

$$f(x) = \begin{cases} x & \text{si } 0 \le x \le 5 \\ \dfrac{1}{5}x + 4 & \text{si } 5 < x \le 15 \\ 8 & \text{si } x > 15 \end{cases}$$

a. Si la lámina tenía quince imágenes, ¿cuántas recuerda el postulante?
b. Si el postulante recuerda seis imágenes, ¿cuántas tenía la lámina?
c. Grafiquen en una hoja la situación planteada y verifiquen los puntos anteriores en el gráfico.

Problema V

En un libro, Manuela encuentra las definiciones de tres funciones:

I. La función **signo** f: ℜ → ℜ definida como:

$$f(x) = \begin{cases} 1 & \text{si } x \ge 0 \\ -1 & \text{si } x < 0 \end{cases}$$

II. La función **parte entera** g: ℜ → ℜ, g(x) = [x] definida como g(x) = valor entero inmediatamente anterior a x.

III. La función **módulo** h: ℜ → ℜ, h(x) = |x| definida como h(x) = distancia en la recta numérica de x a 0.

$$h(x) = \begin{cases} x & \text{si } x \ge 0 \\ -x & \text{si } x < 0 \end{cases}$$

Realicen el gráfico para cada función en una hoja.

29 Encuentren la fórmula de una función cuyo gráfico sea:

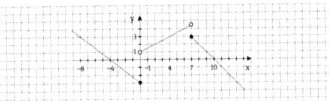

30 En una fábrica de relojes para taxis deben programar los relojes, para lo cual, quieren encontrar una función que les permita conocer el precio del viaje de acuerdo con los metros recorridos. Saben que se cobra $ 11,2 la bajada de bandera y $ 1,2 por cada 200 m recorridos. ¿Qué fórmula deberán programar?

31 Hallen el dominio, las raíces, la ordenada al origen y realicen la gráfica de la siguiente función.

$$f(x) = \begin{cases} 3 - 2x & \text{si } x < -1 \\ 2x + 7 & \text{si } -1 < x < 1 \\ x - 6 & \text{si } x > 1 \end{cases}$$

El programa GeoGebra

El programa GeoGebra es un programa de difusión gratuita que permite graficar funciones y realizar figuras geométricas. Pueden bajarlo de http://www.geogebra.org/cms/

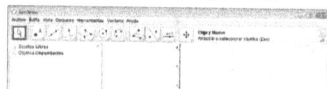

1. Sigan estos pasos para representar la función $f(x) = |x|$

y = abs(x)
enter

2. a. En el mismo gráfico que hicieron $f(x) = |x|$ y con distintos colores grafiquen las funciones $h(x) = |x + 2|$, $t(x) = |x - 8|$, $g(x) = |x + 4|$, $m(x) = |x + 6|$, $n(x) = |x| + 3$, $k(x) = |x| - 2$, $s(x) = |x| + 2$ y $p(x) = |x| - 3$.

b. Determinen las variaciones que sufre el gráfico de $f(x) = |x|$ en relación con los valores que se restan o se suman.

3. a. Encuentren la fórmula de una función que corresponda a cada gráfico.

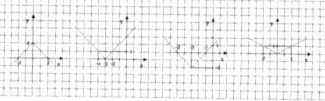

b. A partir del gráfico de $f(x) = |x|$, ¿qué corrimientos se hicieron para llegar a los gráficos anteriores?

4. Grafiquen estas funciones y determinen las variaciones que sufre el gráfico de $f(x) = |x|$ en relación con los valores que se multiplican.

a. $h(x) = 2 |x|$ **b.** $t(x) = -3 |x|$ **c.** $g(x) = \frac{1}{2} |x|$ **d.** $m(x) = \frac{2}{3} |x|$

e. $n(x) = |-2x|$ **f.** $k(x) = |2x|$ **g.** $s(x) = -\frac{1}{2} |x|$ **h.** $p(x) = -|x|$

Función lineal

Problema I

Veamos cómo hace Lucía para contestarle a su madre. Piensa en el siguiente esquema:

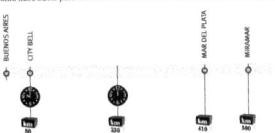

Primero deberá conocer cuál es la velocidad constante a la que viajará. Como sabe que tarda 2 horas en ir del kilómetro 50 al kilómetro 230, deduce que en dos horas recorrerá 230 − 50 = 180 km y, como la velocidad es constante, hará 90 km en una hora.

$$\text{Velocidad} = \frac{\text{espacio recorrido}}{\text{tiempo empleado}} = \frac{180 \text{ km}}{2 \text{ h}} = 90 \text{ km/h}$$

Con estos datos necesita ahora encontrar una fórmula que le permita calcular la distancia a Buenos Aires (que llamaremos y) en cada instante de tiempo (que llamaremos x). Veamos qué ocurre en una tabla de valores:

Tiempo (en horas) (x)	Distancia de Buenos Aires (km) (y)

Luego:
La distancia a Buenos Aires en kilómetros se obtiene multiplicando la velocidad por la cantidad de horas de viaje y sumándole la distancia al punto de partida:

$$y = 90 \cdot x + 50$$

Observemos que 90 · x nos da la cantidad de kilómetros recorridos por Lucía en x horas de viaje y debemos sumarle 50 para saber a qué distancia de Buenos Aires está.

Para poder darle los horarios a su madre primero debe saber cuántos kilómetros implican la mitad del viaje.

Volviendo al esquema del problema 1, Lucía observa que debe recorrer 450 km en total (ya que salió de City Bell); luego, medio viaje serán 225 km, por lo tanto, tiene que saber en qué momento habrá recorrido 225 km.

Para la segunda llamada sabe que la distancia a Buenos Aires debe ser de 410 km; luego,

Llegará a Miramar cuando y = 500; luego,

$$90 \cdot x + 50 = 500 \Rightarrow x = 5 \Rightarrow \text{o sea, a las 15 horas.}$$

La relación que se establece en nuestro problema entre la distancia y el tiempo es una función lineal, cuya fórmula podemos escribir:

$$f(x) = 90 \cdot x + 50$$

Una función de la forma:

$$f(x) = m \cdot x + b$$

es una función lineal, donde m y b son números reales fijos cualesquiera y x es la variable independiente.

El dominio de este tipo de funciones es R, aunque en este problema en particular queda restringido a los números reales entre 0 y 5.

Pero ¿qué característica especial tienen las funciones lineales? Pensemos en la velocidad del auto de Lucía: 90 km/h. Significa que en una hora (o sea, en una unidad de la variable independiente x) Lucía viaja 90 km (90 unidades de la variable dependiente y). Esto quiere decir que la velocidad, en este ejemplo, es la variación de las unidades de la variable dependiente en una unidad de la variable independiente, que en todo momento se mantiene constante.

Las funciones lineales permiten modelizar situaciones de variación uniforme.

Por ejemplo, en este caso la velocidad es uniforme.
Veamos cómo se traduce esta característica en un gráfico:

El gráfico de una función lineal es una recta.

Observemos que todos los puntos (x ; y) que pertenecen a la recta verifican la ecuación $y = f(x) = m \cdot x + b$; podríamos entonces identificar a la fórmula $y = m \cdot x + b$ como la ecuación de una recta no vertical.

Calculemos la variación de la variable dependiente por cada unidad de la variable independiente en la función lineal $f(x) = m \cdot x + b$. Tomemos para ello dos puntos que la verifican:

$$(x_1 ; y_1) \Rightarrow y_1 = mx_1 + b$$
$$(x_2 ; y_2) \Rightarrow y_2 = mx_2 + b$$

con $x_1 \neq x_2$

La variación de la variable dependiente y es
$$y_2 - y_1 = (mx_2 + b) - (mx_1 + b) = mx_2 - mx_1 = m(x_2 - x_1)$$

La variación de la variable independiente x es $x_2 - x_1$, entonces la variación de la variable y por cada unidad de x es igual a:

$$\frac{y_2 - y_1}{x_2 - x_1} = \frac{m(x_2 - x_1)}{x_2 - x_1} = m$$

m es independiente de los puntos que tomamos y la llamamos "pendiente".

La pendiente de una función lineal $f(x) = mx + b$ es la variación de la variable dependiente en una unidad de la variable independiente.

$$m = \frac{\text{variación de } y}{\text{variación de } x} = \frac{y_2 - y_1}{x_2 - x_1} \quad \text{con } x_1 \neq x_2$$

La característica fundamental de este tipo de funciones es que dicha variación es constante.

Miremos además que:

Rectas que pasan por dos puntos

Problema II

Veamos lo que puede hacer Ariel para resolver su problema. Para comenzar decide armar una tabla con los posibles montos de venta, su sueldo actual y la nueva propuesta de su jefe.

Ariel no puede creer lo que ve y con mucha indignación decide realizar un informe escrito para mostrarle a su jefe. Para que dicho informe sea más elocuente le quiere agregar las representaciones gráficas de la situación planteada.

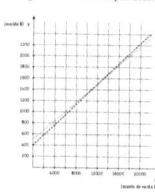

Al observar el gráfico, nota con sorpresa que no todo era como él pensaba y que deberá descubrir cuánto debe vender mensualmente para que le convenga la nueva propuesta. Decide describir mediante fórmulas la situación. Llama **x** al monto de ventas mensuales, e **y** a su sueldo ese mes:

Sueldo actual

Sueldo = $\underbrace{0,10 \text{ por el monto de las ventas}}_{10\% \text{ de las ventas}}$ + $\underbrace{500}_{\text{sueldo fijo}}$,

o sea, y = 0,10 x + 500

Nueva propuesta

Sueldo = $\underbrace{0,11 \text{ por el monto de las ventas}}_{11\% \text{ de las ventas}}$ + $\underbrace{400}_{\text{sueldo fijo}}$,

o sea, y = 0,11 x + 400

Para ver si le conviene la propuesta, debe averiguar para qué monto **x** ambas propuestas coinciden, o sea, cobraría lo mismo.

$$500 + 0,10 \cdot x = 400 + 0,11 \cdot x \Rightarrow x = 10000$$
$$y = 500 + 0,10 \cdot 10000 = 400 + 0,11 \cdot 10000 = 1500$$

Luego, su conclusión es que si vende $10000 mensuales, cobrará con ambas propuestas $1500; si vende más de dicha cifra, le convendrá la nueva propuesta; si no, le convendrá la propuesta anterior. Lo que Ariel obtiene realizando su informe son dos funciones lineales distintas que tienen un único punto en común (10000 ; 1500).

Notemos además que la recta que representa la nueva propuesta es más empinada que la anterior; esto se debe a que cada vez que Ariel vende $1 más, su sueldo aumentará más con la segunda propuesta que con la primera, o sea, la variación de y por cada unidad de x será mayor en la segunda propuesta que en la primera; es decir que la pendiente es mayor.

Podemos afirmar entonces que la pendiente de la recta nos indica su inclinación y que a mayor pendiente, mayor es esa inclinación.

Observando el razonamiento hecho antes de la fórmula de la página 65, podemos decir que para encontrar la ecuación de una recta es suficiente tener dos puntos cualquiera $(x_1 ; y_1)$ $(x_2 ; y_2)$, (con $x_1 \neq x_2$), que pertenezcan a ella, de modo tal que la pendiente se calcula como:

$$m = \frac{y_2 - y_1}{x_2 - x_1} = \frac{f(x_2) - f(x_1)}{x_2 - x_1}$$

y una vez obtenido m, podemos calcular la ordenada al origen dado que sabemos que
$y_1 = mx_1 + b$ y que $y_2 = mx_2 + b$, o sea, $b = y_2 - mx_2 = y_1 - mx_1$.

Rectas paralelas y perpendiculares

Problema III

Hagamos un esquema de la situación planteada dibujando en un sistema de ejes coordenados el tablero de la Batalla Naval y ubiquemos los barcos.

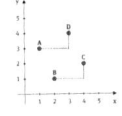

Observemos que el lado AD debe ser paralelo al lado BC y perpendicular al lado AB. Pero, ¿qué hicimos para llegar de B a C? Nos corrimos dos unidades a la derecha en el eje de las abscisas y una unidad para arriba en el eje de las ordenadas. Si hacemos lo mismo desde A, obtenemos el punto D = (3 ; 4).

¿Será éste el punto buscado? Para contestar a esta pregunta debemos justificar que $\overline{AD}$ es paralelo a $\overline{BC}$ y perpendicular a $\overline{AB}$. Veamos cómo podemos resolver este inconveniente.

Rectas paralelas

Consideremos dos rectas paralelas, y tomemos dos puntos en cada recta que tengan las mismas abscisas $(x_1 ; f(x_1))$, $(x_2 ; f(x_2))$ en la primera recta y $(x_1 ; g(x_1))$, $(x_2 ; g(x_2))$ en la segunda.
Observemos que quedan formados dos triángulos que tienen dos pares de ángulos congruentes, un par por ser rectos y el otro par por ser correspondientes entre paralelas, y un lado igual $(x_2 - x_1)$.

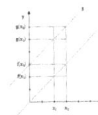

Luego, los triángulos son congruentes; entonces, tienen todos los lados iguales, o sea, $f(x_2) - f(x_1) = g(x_2) - g(x_1)$.

Por lo tanto, ambas rectas tienen la misma pendiente: $\dfrac{f(x_2) - f(x_1)}{x_2 - x_1} = \dfrac{g(x_2) - g(x_1)}{x_2 - x_1}$

Dos rectas **paralelas** tienen la misma pendiente.

Volviendo al problema: Para ver si $\overline{AD}$ es paralelo a $\overline{BC}$ debemos verificar que las pendientes de las rectas que los contienen son iguales.
La pendiente de la recta que pasa por A y D y de la que pasa por B y C es $\dfrac{1}{2}$. Luego, ambas rectas tienen pendiente $\dfrac{1}{2}$, con lo cual son paralelas. ¿Qué pasará con las pendientes de dos rectas que sean perpendiculares?

Rectas perpendiculares

Tomemos una recta que pasa por el origen (su ordenada al origen es 0) $y = m_1 \cdot x$.
Tomemos la recta perpendicular a la anterior que pasa por el punto $(1 ; m_1)$. Supongamos que esta perpendicular tiene ecuación $y = m_2 \cdot x + b$.

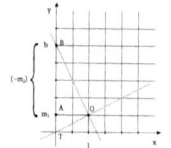

Dado que la recta perpendicular contiene al punto $(1 ; m_1)$:

$$m_1 = m_2 \cdot 1 + b$$

Operando:

$$m_1 - m_2 = b \Rightarrow b = m_1 + (- m_2)$$

Planteando el Teorema de Pitágoras en el triángulo ABO: $\overline{BO}^2 = 1^2 + (-m_2)^2 = 1 + m_2^2$ (1)
Planteando el Teorema de Pitágoras en el triángulo AOT: $\overline{TO}^2 = 1^2 + m_1^2$ (2)
Planteando el Teorema de Pitágoras en el triángulo TBO: $\overline{BT}^2 = \overline{BO}^2 + \overline{TO}^2$ (3)

Reemplazando (1) y (2) en (3): $(m_1 - m_2)^2 = 1 + m_2^2 + 1 + m_1^2$
Operando: $m_1^2 - 2m_1 m_2 + m_2^2 = 2 + m_1^2 + m_2^2$
Cancelando: $-2m_1 m_2 = 2 \Rightarrow m_1 m_2 = -1$

Si ahora consideramos dos rectas perpendiculares cualesquiera, podemos encontrar una paralela a cada una; la primera que pase por el origen y la segunda por $(1 ; m_1)$, y como cuando las rectas son paralelas se mantienen las pendientes, todo lo anterior sigue siendo cierto, luego:

Si dos rectas son **perpendiculares**, el producto de sus pendientes es -1.
O sea que una pendiente es la opuesta e inversa de la otra.

Volviendo al problema:

Para saber si $\overline{AD}$ es perpendicular a $\overline{AB}$ debemos verificar que el producto de las pendientes de las rectas que los contienen es -1.
La pendiente de la recta que pasa por A y D es $\frac{1}{2}$.

La pendiente de la recta que pasa por A y B es -2. Luego la multiplicación entre ambas es -1.

Problema IV

Para empezar, Daniela calcula el precio del kilovatio hora consumido. Para ello sabe que 463 kwh cuestan $ 17,13 por lo que un kwh le costará 17,13/463 = 0,036999784...Decide aproximar el valor del kwh y lo tomará en $ 0,037. Analiza, además, que este señor utilizó en total 563 kwh, como se calcula por los datos del medidor. Realiza luego una tabla de valores:

Intenta realizar un gráfico de la situación planteada y se da cuenta de que no puede unir dichos puntos con una única recta; entonces, no es una función lineal.	Arma luego una tabla con más datos:

Vemos que la fórmula cambia para distintos valores de consumo. Luego, deberíamos tener distintas maneras de expresarlo. Dichas maneras cambiarán si el consumo es menor o mayor que 100. O sea que encontramos una única función pero separada en distintos tramos según los valores de consumo. Llamemos **x** a los kilovatios hora consumidos en un bimestre:

$$f(x) = \begin{cases} 16,90 & \text{si } 0 \le x \le 100 \\ 16,90 + 0,037 \cdot (x - 100) & \text{si } x > 100 \end{cases}$$

¿Cómo graficamos esta situación?
Cada uno de los tramos es una parte de una recta tomando el dominio que le corresponde.
Observemos que esta fórmula así definida es una función dado que para cada valor x del dominio (en nuestro ejemplo, los números reales mayores o iguales a cero) existe un único valor de y en la imagen.

Funciones definidas por tramos

Una función partida es una función tal que para definirla se necesitan diferentes fórmulas para distintos subconjuntos del dominio.

Problema V

I. La función signo definida como:

$$f(x) = \begin{cases} 1 \text{ si } x > 0 \\ -1 \text{ si } x < 0 \end{cases}$$

Se puede analizar que para los números positivos, la función vale 1 y para los negativos vale –1. ¿Cómo mostramos en el gráfico que f(0) no tiene imagen? Colocamos en cada parte del gráfico un circulito vacío.
Hacemos el gráfico:

II. La función parte entera indica el valor entero inmediatamente anterior a x. Analicemos una tabla de valores.

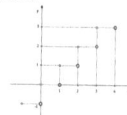

Gráficamente:

¿Cómo mostramos en el gráfico que f(2) = 2 y no a 1? Pondremos un punto "lleno" en (2, 2), dado que ese punto pertenece a la función, y un "agujerito" en el punto (2, 1) para mostrar que ese punto no pertenece a la función.

III. La función módulo indica la distancia de x al cero. Para los valores positivos, la distancia de x al cero es cero, en cambio para los negativos, la distancia es el opuesto de x. Por lo tanto gráficamente se observa:

$$f(x) = |x| = \begin{cases} x \text{ si } x \geq 0 \\ -x \text{ si } x < 0 \end{cases}$$

1. Indiquen cuál de estos gráficos podría representar cada una de las siguientes situaciones y escriban las variables en cada eje y las unidades correspondientes para que representen la situación planteada.

a. María vende metros de tela a $1,41 el metro.

b. Un tanque tenía 30 litros de agua y se vacía a razón de 2 litros por hora.

c. Juan paga por su celular un abono de $30 más $0,50 por minuto de comunicación.

2. Se pone a calentar una sustancia y la fórmula que expresa la temperatura (en grados centígrados) en función del tiempo (en minutos) es:

$$T(x) = \begin{cases} 25 + 15 \cdot t & \text{si } 0 \leq t < 10 \\ 175 & \text{si } t \geq 10 \end{cases}$$

a. ¿Cuál era la temperatura del líquido al comenzar la experiencia? ¿Qué dato indica esto en la fórmula de la función? ¿Por qué?

b. ¿Cuánto aumenta la temperatura por minuto? ¿Qué dato indica esto en la fórmula de la función? ¿Por qué?

c. ¿Qué temperatura aproximada tendría la sustancia después de 5 minutos?

e. ¿En qué momento la temperatura de la sustancia fue de 150º? ¿Y de 186º?

d. ¿Cuál era la temperatura a los 12 minutos?

f. Verifiquen gráficamente los ítems anteriores:

3. Hallen en cada caso la ecuación de una función lineal que verifique las siguientes condiciones:
a. Tiene pendiente –6 y ordenada al origen 2.

b. Pasa por (1 ; 6) y (3 ; 3).

c. Tiene raíz 6 y pasa por (4 ; –1).

4. Dada la función lineal $f(x) = -3x + 8$, encuentren:
a. $f(7)$ **b.** El valor de x tal que $f(x) = 3$ **c.** $f(0)$ **d.** La ordenada al origen.

5. a. Realicen en el mismo sistema de ejes cartesianos, los gráficos de $f(x) = |3x - 2|$ y $g(x) = |-5x + 8|$

b. Hallen los puntos donde se cruzan las funciones.
c. Realicen los gráficos en la computadora usando el programa GeoGebra y usando el comando intersección, verifiquen si lo encontrado en **b.** es correcto.

6. En un laboratorio ponen a calentar una sustancia. A los 4 minutos, la sustancia tiene una temperatura de 20°, a los 10 minutos es de 50°. Hierve a los 100° y desde allí no aumenta la temperatura.
a. ¿En cuántos minutos hierve?
b. Encuentren la fórmula que describe la situación.
c. Realicen el gráfico de la función encontrada.

Funciones cuadráticas

Las funciones cuadráticas son utilizadas en algunas disciplinas como, por ejemplo, Física y Economía. Son útiles para describir movimientos con aceleración constante, trayectorias de proyectiles, ganancias y costos de empresas, y obtener así información sin necesidad de recurrir a la experimentación.

Funciones cuadráticas

Problema I

En el depósito de la escuela hay 60 m de listones de madera con los que se quiere construir un arenero de forma rectangular. La directora quiere que el arenero tenga la mayor superficie posible para que los chicos lo aprovechen mejor. ¿Qué medidas debe tener el arenero?

_____

_____

_____

_____

Problema II

Dentro de un rectángulo de 30 cm de base y 20 cm de altura se construyen distintos cuadriláteros tomando como vértices puntos que se encuentran a la misma distancia hacia la derecha de cada vértice del rectángulo, por ejemplo:

¿Cuál será el cuadrilátero de menor área?

1. Demuestren en la carpeta que los cuadriláteros que quedan dibujados dentro del rectángulo del problema II son paralelogramos.
2. Completen las siguientes tablas y determinen si se trata de funciones lineales.
   a. Una población de bacterias se duplica cada hora.

   b. Se construyen rectángulos de 100 cm de perímetro.

   c. Se construyen triángulos de 100 cm² de superficie.

1. ¿Cuáles de estas funciones son cuadráticas?

a. $f(x) = 2(x - 3)^2 - 5(2x + 3) + 8x(3 - 2x)$

b. $g(x) = 4x^2 - 3(x - 6) - (2x - 3)^2 + 5x - 8$

c. $h(x) = 6x - 3x(x + 5) - 2(x - 1)(3 - x) + 6$

d. $t(x) = 2(x - 1)^2 - 2x(x+2) + 5$

Cálculo del vértice de una parábola

Problema III

Se lanza una pelota desde el suelo hacia arriba. La altura que alcanza la pelota, medida desde el suelo en metros, en función del tiempo medido en segundos, se calcula a través de la siguiente fórmula: $h(t) = 20t - 5t^2$.

a. ¿Cuál es la altura máxima que alcanza la pelota y en qué momento lo hace?

b. ¿Después de cuánto tiempo cae la pelota al suelo?

c. ¿Cómo contestan las preguntas anteriores si la pelota se lanza a 25 m del suelo?

4. El punto $(50 ; 8)$ pertenece al gráfico de la función cuadrática cuyo vértice es $(-3 ; 5)$. ¿Cuál es su simétrico?

5. ¿Es posible que el gráfico de una función cuadrática tenga vértice $(0 ; 2)$ y pase por los puntos $(100 ; 1)$ y $(-100 ; 1)$? Justifiquen su respuesta.

6. ¿Es posible que el gráfico de una función cuadrática tenga vértice $(239,5 ; 8)$ y pase por los puntos $(235 ; 15)$ y $(-244 ; 15)$? ¿Por qué?

7. a. ¿Cuál puede ser el vértice del gráfico de una función cuadrática que pasa por los puntos (524 ; 8) y (−321 ; 8)?

b. ¿Hay una sola opción? ¿Por qué?

8. ¿Es posible que el gráfico de una función cuadrática pase por los puntos (−3 ; 5), (11 ; 5), (15 ; 8) y (−7 ; 8)? ¿Por qué?

9. Estas gráficas corresponden a funciones cuadráticas. Sabiendo que están marcados el vértice y dos puntos simétricos, completen las coordenadas de los puntos marcados.

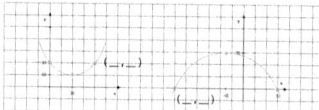

10. Verifiquen que si la función cuadrática es $f(x) = ax^2 + bx + c$, con $a \neq 0$ entonces la ordenada del vértice se calcula como $y_v = c - \dfrac{b^2}{4a}$.

11. Calculen los pares de puntos simétricos y el vértice de cada función cuadrática y luego grafíquenlas.

a. $y(x) = 2x^2 - 10x + 12$ b. $h(x) = 4x - x^2 + 2$ c. $y(x) = x^2 - 4$ d. $A(x) = -3x^2$

12. Dentro de un campo se quiere cercar una parcela rectangular y dividirla en tres partes, colocando dos divisiones paralelas a uno de los lados del rectángulo. Para realizar el cerco se usarán 800 m de alambre y se colocará doble alambre en todos los lados y las divisiones. ¿Cuáles deben ser las medidas de la parcela para que la superficie a plantar sea máxima?

13. Para bordear una ventana como la que muestra el dibujo se dispone de 15 m de cinta. ¿Cuáles deben ser las medidas de la ventana para que la superficie sea máxima? ¿Cuál es la superficie máxima?

14. En una isla se introduce una cierta cantidad de conejos en agosto de 2010. La función $C(x) = -3(x + 10)(x - 50)$ permite calcular la cantidad de conejos que hay en la isla x meses después de agosto de 2010.
a. ¿En qué mes la población de conejos fue la máxima?
b. ¿Cuántos conejos había en la isla en enero de 2011?
c. ¿Se extingue en algún momento la población de conejos?

15. Para cada una de las siguientes funciones cuadráticas encuentren vértice, concavidad, dos pares de valores simétricos, imagen, intervalos de crecimiento y decrecimiento, máximo o mínimo, raíces y gráfico aproximado.
a. $g(x) = 12x - 2x^2 - 10$

b. $f(x) = 3x^2 + 18x - 120$

c. $y = 2 + 4x + 2x^2$

d. $h(x) = x^2 + \frac{3}{2}x - 1$

16. Grafiquen en la carpeta las siguientes funciones y marquen los puntos de intersección.

a. $f(x) = 3x^2 - 6x + 3$

   $g(x) = -9x + 18$

b. $f(x) = 3x^2 - 6x + 3$

   $g(x) = -x^2 + 6x - 5$

17. El rendimiento de nafta r (en km por litro) de un automóvil está relacionado con la velocidad v (en km/h) por la función: $r(v) = -\frac{1}{20}v^2 + 6v$.

a. ¿Cuál debe ser la velocidad para que el rendimiento sea máximo?

b. ¿Cuál es el rendimiento máximo?

c. Si el rendimiento durante el viaje fue máximo, ¿se respetó el límite de velocidad de 110 km/h?

d. ¿Para qué valores de v el rendimiento aumenta?

18. Encuentren la fórmula de una función cuadrática cuyo vértice es (-1 ; 5). ¿Cuántas hay?

19. Encuentren la fórmula de una función cuadrática cuyo vértice es (-1 ; 5) y pase por (2 ; -1). ¿Cuántas hay?

20. Hallen la fórmula de una función cuadrática cuya gráfica corta al eje x en 2 y en 5. ¿Cuántas hay?

21. Encuentren la ecuación de una parábola que corta al eje x en 2 y 5, y pase por (1 ; 5). ¿Cuántas hay?

22. Hallen la fórmula de una función cuadrática cuya gráfica pase por $(10 ; 5)$, $(-2 ; 5)$ y $(6 ; 10)$. ¿Cuántas hay?

23. ¿Para qué valores de k la función $f(x) = 3x^2 + 6x - (k - 1)$ tiene raíces reales?

24. ¿Para qué valores de k la función $f(x) = 2x^2 - 6x - (3 - k)$ no tiene raíces reales?

25. En la carpeta, hallen los valores de x que verifican las siguientes igualdades:
a. $-2(5 - x)(3x + 2) + 6(x - 2)^2 = 7x + 3 - (4 - 4x)$
b. $3(2 - x)(2x - 5) - (3x - 1)^2 = 3x - 4 - (5x + 17)$
c. $(x - 1)^2 + 2x + 3(2 - x) = (2x - 1)^2$

26. En un triángulo rectángulo la medida de los lados son números enteros consecutivos. ¿Cuáles son dichos números?

Lugar geométrico: parábola

Problema IV

En el comedor de su casa, Ariel tiene un sillón en el cual se sienta a leer y una obra de arte colgada en la pared. Compró una lámpara de pie y desea ubicarla a igual distancia del sillón que de la pared, para poder leer sin problemas y para que ilumine el cuadro. ¿En qué lugares puede colocar Ariel la lámpara?

27. Encuentren la fórmula de una parábola que tenga directriz $x = -4$ y foco $F = (4 ; 0)$.

28. Encuentren la fórmula de una parábola que tenga directriz $y = -8$ y foco $F = (0 ; 8)$.

29. Encuentren el foco y la directriz de estas parábolas.
a. $x^2 = 6y$
b. $y^2 - 9x = 0$

30. ¿Cómo tienen que ser la directriz y el foco de una parábola para que represente una función cuadrática? Justifiquen sus respuestas.

Comportamiento de parámetros

1. Usen el programa Geogebra y grafiquen, en un mismo gráfico, estas funciones.

i. $y = x^2$ **ii.** $y = 2x^2$ **iii.** $y = 3x^2$ **iv.** $y = 0,5x^2$ **v.** $y = 0,8x^2$
vi. $y = -x^2$ **vii.** $y = -2x^2$ **viii.** $y = -3x^2$ **ix.** $y = -0,5x^2$ **x.** $y = -0,8x^2$

2. a. Sigan estas instrucciones en el programa GeoGebra para usar deslizadores.

1. En una pantalla nueva, apreten el ícono  y hacer clic sobre la pantalla. Se abrirá un cuadro de diálogo.

2. Elegir, allí, un parámetro, por ejemplo a, indicar entre qué valores debe correrse y hacer clic en aplicar.

3. En la barra ingresar entrada $y = a \cdot x^2$ enter.

4. Hacer clic sobre el ícono 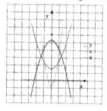 y luego pararse sobre el punto.

5. Mover el punto a derecha e izquierda con el botón derecho del mouse apretado.

b. ¿Cómo influye el parámetro **a** en el gráfico de las funciones del tipo $f(x) = a\,x^2$?

3. Usen dos deslizadores como en el problema 2 y analicen cómo influyen los parámetros a y b en las funciones del tipo $f(x) = a\,x^2 + b$.

4. Las funciones cuadráticas graficadas son: $F(x) = a\,x^2 + b$, $G(x) = c\,x^2 + d$ y $H(x) = e\,x^2 + f$.

Observen los gráficos y ordenen, de menor a mayor a, c y e. Ordenen, también, b, d y f.

5. A partir del gráfico de $f(x) = x^2$, ¿qué corrimientos se hicieron para llegar a los siguientes gráficos?

a.

b.

Funciones cuadráticas

Problema I

Analicemos cuáles pueden ser las medidas del arenero. Llamemos b al largo y a al ancho del arenero.

a

b

Como tenían 60 m de madera, la relación que deben cumplir es que
$$2a + 2b = 60 \Leftrightarrow b = 30 - a$$

Para analizar la situación armemos una tabla.

TABLA 1

Podemos ver que el área de los rectángulos va aumentando y luego disminuye; por lo tanto, debe haber un punto en el que sea el máximo. También hay valores de áreas que se repiten, ya que un rectángulo de 1 m de ancho y 29 m de largo es igual a un rectángulo de 29 m de ancho y 1 m de largo. Si tomamos la función que relaciona el ancho con el área, tenemos:

TABLA 2

Esta tabla no corresponde a una función lineal, ya que a igual variación del lado no da la misma variación del área. Por ejemplo, si se construye un arenero de 1 m de ancho, 2 m de ancho o 3 m de ancho, la variación del ancho es de 1 m; en cambio, las áreas correspondientes son de 29 m², 56 m² y 81 m² , con lo que la variación es, en el primer caso de 27 m² y en el segundo de 25 m². Como esta función crece y luego decrece, debe tener un máximo, y este debe ser el único valor del ancho para el que no hay dos áreas iguales, o sea, el único rectángulo que al cambiar el largo y el ancho, no cambie el área. Este es el cuadrado de 15 m de lado con un área de 225 m².

Veamos cómo es la fórmula de la función área (A) en función del ancho (a):

$$A = a \cdot b \quad y \quad b = 30 - a \Rightarrow A(a) = a \cdot (30 - a) = 30a - a^2$$

Su dominio es el intervalo (0 ; 30) y su gráfica es:

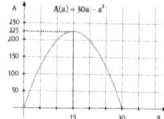

Podemos ver que la gráfica de esta función es simétrica respecto de la recta a = 15, que es el valor del ancho en el que se obtiene el área máxima. Este valor lo podríamos haber calculado sacando el promedio de los valores que tienen la misma imagen. Los puntos que tiene la misma imagen se llaman "simétricos".

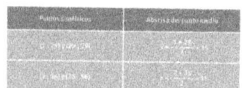

Una función de la forma $f(x) = ax^2 + bx + c$, con $a \neq 0$ es una función cuadrática, y su gráfico es una curva llamada parábola.

Por ejemplo, son funciones cuadráticas:

$$f(x) = 2x^2 - 3x + 2 \qquad g(x) = 6x^2 \qquad A(a) = 30a - a^2 \qquad H(t) = 3t^2 + 5$$

Se llaman **valores simétricos** en una función cuadrática a aquellos valores del dominio de la función que tienen la misma imagen.

Por ejemplo, para la función del problema I: 1 y 29; 2 y 28; 3 y 27, etcétera. son valores simétricos.

Vértice de una parábola

Se llama **vértice** de una parábola, el punto del gráfico cuya coordenada x su tiene valor simétrico. Esta coordenada se encuentra en el medio de cualquier par de valores simétricos.

Por ejemplo (15 ; 225) es el vértice de la función del problema I.

Problema II

En este problema la variable independiente es la distancia de los vértices del rectángulo a los vértices de los cuadriláteros.

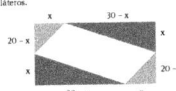

Para calcular el área de los cuadriláteros interiores podemos calcular el área del rectángulo y restarle el área de los cuatro triángulos. Observemos que x puede tomar solo valores entre 0 y 20.

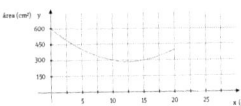

Área total   Triángulo marrón   Triángulo naranja

Al simplificar la expresión algebraica, queda: $A(x) = 600 - 50x + 2x^2$ que es una función cuadrática cuyo dominio es el intervalo [0 ; 20]. Analicemos su gráfico:

En esta parábola el vértice es el valor mínimo. Este es el punto que debemos buscar. Para ello debemos encontrar un par de valores simétricos. En este caso pueden tomarse 10 y 15. Entonces la coordenada x del vértice se encuentra en la mitad:

$$x_v = \frac{(10 + 15)}{2} = 12,5$$

Por lo tanto, el cuadrilátero que debe construirse para que el área sea mínima debe tener sus vértices 12,5 cm a la derecha de cada vértice del rectángulo y su área será de 287,5 cm².

Para calcular el vértice de una parábola es necesario tener dos valores simétricos. Para ello podemos utilizar un valor de la imagen y encontrar los valores simétricos que correspondan. Sea $f(x) = ax^2 + bx + c$, con $a \neq 0$, una función cuadrática. Tomemos como valor de la imagen el que corresponde a $x = 0$ que es $y = c$. Busquemos los simétricos:

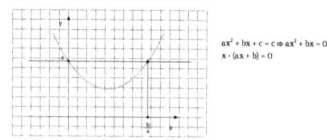

$ax^2 + bx + c = c \Rightarrow ax^2 + bx = 0 \Rightarrow$
$x \cdot (ax + b) = 0$

Se obtiene entonces un producto de expresiones algebraicas que debe dar 0; por lo tanto, alguna de las dos expresiones debe valer 0.

$$x = 0 \quad o \quad ax + b = 0 \Rightarrow x = 0 \quad o \quad x = -\frac{b}{a}$$

Por lo tanto los valores simétricos para $y = c$ son $x = 0$ o $x = -\frac{b}{a}$; entonces, la coordenada x del vértice se encuentra en el medio:

$$x_v = \frac{0 + -\frac{b}{a}}{2} = -\frac{b}{2a}$$

Para calcular la coordenada y del vértice basta con reemplazar x_v en la función: $y_v = f(x_v)$.

Las coordenadas del vértice de una parábola son: $\quad V = \left(-\frac{b}{2a}, f\left(-\frac{b}{2a} \right) \right)$

Problema III

El gráfico de la situación es el siguiente:

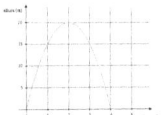

Vemos que la altura máxima corresponde al vértice, que en este caso es (2 ; 20). Por lo tanto, la altura máxima que alcanza la pelota es de 20 m a los 2 segundos de ser lanzada.

La pregunta **b.** se refiere al momento en que la altura de la pelota es 0 m. Para averiguarlo debemos hallar los valores de **x** dónde y = 0, es decir, las raíces o ceros de la función. Debemos resolver la ecuación:

$$20t - 5t^2 = 0 \Rightarrow t\,(20 - 5t) = 0 \Rightarrow t = 0 \text{ o } 20 - 5t = 0 \Rightarrow t = 0 \text{ o } t = 4$$

Esto nos indica que la pelota cae al piso 4 segundos después de ser lanzada. Para la pregunta **c.** tenemos que analizar la función:

$$D(t) = h(t) + 25 = 20t - 5t^2 + 25$$

Veamos el gráfico:

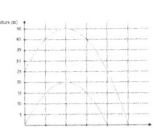

D(t) es un corrimiento de h(t) en el eje y de 25 unidades; por lo tanto, la altura máxima es de 25 m más que antes, o sea, 45 m, a los 2 segundos. Lo que falta calcular es cuándo la altura de la pelota es de 0 m. Debemos calcular entonces las raíces de la función D(t) y para ello hay que resolver la ecuación:

$$20t - 5t^2 + 25 = 0$$

que no puede despejarse directamente. Esto es lo que aprenderemos a continuación.

Resolución de ecuaciones cuadráticas

Queremos resolver ecuaciones de la forma:

$$ax^2 + bx + c = 0 \quad \text{(1)}$$

La idea es transformarla en otra ecuación en la que el despeje de x sea posible. Un tipo de ecuación cuadrática que es fácil de despejar es:

$$2(x + 1)^2 - 8 = 0$$

$$(x + 1)^2 = 4 \Rightarrow |x + 1| = 2 \Rightarrow x + 1 = 2 \text{ o } x + 1 = -2 \Rightarrow x = 1 \text{ o } x = -3$$

que son las soluciones buscadas. Por lo tanto tenemos que ver cómo se puede pasar de una ecuación de la forma (1) a una ecuación de la forma:

$$\alpha (x + p)^2 + q = 0 \quad \text{(2)}$$

Si desarrollamos la expresión (2), obtenemos:

$$\alpha x^2 + 2\alpha p x + \alpha p^2 + q = 0$$

comparando con $ax^2 + bx + c = 0$ tenemos que:

$$\alpha = a$$

$$2\alpha p = b \Rightarrow 2ap = b \Rightarrow p = \frac{b}{2a} = -x_v$$

$$\alpha p^2 + q = c \Rightarrow ap^2 + q = c \Rightarrow a\left(\frac{b}{2a}\right)^2 + q = c \Rightarrow q = c - a\left(\frac{b}{2a}\right)^2 \Rightarrow q = c - \frac{b^2}{4a} = y_v$$

Entonces la ecuación $ax^2 + bx + c = 0$ puede escribirse:

$$a\left(x + \frac{b}{2a}\right)^2 + \left(c - \frac{b^2}{4a^2}\right) = 0$$

Despejemos x:

$$a\left(x + \frac{b}{2a}\right)^2 = \frac{b^2}{4a^2} - c$$

$$\left(x + \frac{b}{2a}\right)^2 = \frac{b^2}{4a^2} - \frac{c}{a} = \frac{b^2 - 4ac}{4a^2}$$

$$\left|x + \frac{b}{2a}\right| = \sqrt{\frac{b^2 - 4ac}{4a^2}}$$

$$x + \frac{b}{2a} = \pm\frac{\sqrt{b^2 - 4ac}}{2a}$$

$$x = \frac{-b \pm \sqrt{b^2 - 4ac}}{2a}$$

Resolvamos ahora la ecuación que teníamos que resolver:

$20t - 5t^2 + 25 = 0$ aquí $a = -5$ $b = 20$ $c = 25$

Reemplazamos en la fórmula:

$$t = \frac{-20 \pm \sqrt{20^2 - 4 \cdot (-5) \cdot 25}}{2 \cdot (-5)}$$

$t = -1$ ó $t = 5$

Por el contexto del problema, el valor negativo no tiene sentido: la pelota cae al piso después de 5 segundos.

Estudio del discriminante

Si observamos la fórmula que permite calcular las raíces de una función cuadrática resolviendo la ecuación a $x^2 + b x + c = 0$:

$$x = \frac{-b \pm \sqrt{b^2 - 4ac}}{2a}$$

hay una operación, la raíz cuadrada, que presenta distintas posibilidades:
- Si $b^2 - 4ac > 0 \Rightarrow$ tenemos dos soluciones reales posibles.
- Si $b^2 - 4ac = 0 \Rightarrow$ el resultado de la raíz cuadrada será 0, con lo cual la ecuación tiene una única solución.
- Si $b^2 - 4ac < 0 \Rightarrow$ la raíz cuadrada no puede resolverse, con lo cual la ecuación no tendrá solución real.

Al resultado de la cuenta $b^2 - 4ac$ se lo llama discriminante de la ecuación y se lo denota con la letra griega mayúscula delta: Δ.

$$\Delta = b^2 - 4ac$$

- Si $\Delta > 0 \Rightarrow$ la función tiene dos raíces reales.
- Si $\Delta = 0 \Rightarrow$ la función tiene una solución real.
- Si $\Delta < 0 \Rightarrow$ la función no tiene raíces reales.

Para calcular los ceros de la función cuadrática:
$f(x) = ax^2 + bx + c$, al calcular los ceros, o sea, los valores de x donde el gráfico corta al eje x, hay que resolver la ecuación: $ax^2 + bx + c = 0$.
Con la ayuda del discriminante tenemos:

- Si $\Delta > 0 \Rightarrow$ la función tiene dos raíces reales.
- Si $\Delta = 0 \Rightarrow$ la función tiene una solución real.
- Si $\Delta < 0 \Rightarrow$ la función no tiene raíces reales.

Concavidad de una parábola

En el primer problema, hemos visto que la parábola era cóncava hacia arriba y en el problema II, hacia abajo. Veremos ahora de qué depende esta distinción.

Sea $f(x) = ax^2 + bx + c$ una función cuadrática. De acuerdo con lo que hicimos en la página anterior podemos escribirla de la siguiente forma:

$$f(x) = a(x - x_v)^2 + y_v \quad \text{Forma canónica}$$

Si $a > 0$, $a(x - x_v)^2$ es siempre positivo entonces $a(x - x_v)^2 + y_v > y_v$ para todo valor de x distinto de $x_v \Rightarrow y_v$ es el mínimo de la parábola $\Rightarrow$ la parábola es cóncava hacia arriba.

Si $a < 0$, $a(x - x_v)^2$ es siempre negativo con lo cual $a(x - x_v)^2 + y_v < y_v$ para todo valor de x distinto de $x_v \Rightarrow y_v$ es el máximo de la parábola $\Rightarrow$ la parábola es cóncava hacia abajo.

Si $a > 0$, la parábola es cóncava hacia arriba y el vértice es un mínimo.
Si $a < 0$, la parábola es cóncava hacia abajo y el vértice es un máximo.

Formas de escribir una función cuadrática

$f(x) = a(x - x_1)(x - x_2)$ (1) es una función cuadrática, ya que si operamos, aplicando la propiedad distributiva, tenemos:

$$f(x) = ax^2 + a(-x_1 - x_2)x + ax_1x_2 \quad (2)$$

Además analizando la forma (1), claramente se ve que las raíces son x_1 y x_2.

Si la función estaba expresada de la forma tradicional:

$$f(x) = ax^2 + bx + c$$

y tiene raíces, comparando con (2) tenemos que:

$$a(-x_1 - x_2) = b \Rightarrow x_1 + x_2 = -\frac{b}{a}$$

$$ax_1x_2 = c \Rightarrow x_1x_2 = \frac{c}{a}$$

También vimos que una función cuadrática siempre puede escribirse en forma canónica:

$$f(x) = a(x - x_v)^2 + y_v \quad \text{donde } (x_v ; y_v) \text{ es el vértice}$$

Una función cuadrática puede presentarse de distintas formas:

$$f(x) = ax^2 + bx + c \qquad \text{forma polinómica}$$
$$f(x) = a(x - x_v)^2 + y_v \qquad \text{forma canónica}$$

Si tiene raíces reales

$$f(x) = a(x - x_1)(x - x_2) \qquad \text{forma factoreada}$$

Lugar geométrico: parábola

Problema IV

Para analizar dónde debe colocar Ariel la lámpara, veamos la situación en un sistema de ejes coordenados. Representemos la pared como una recta vertical y el sillón, como el punto P sobre el eje x. Ubicamos al eje y en el punto medio entre la pared y el sillón.

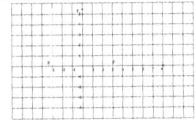

Tracemos una circunferencia con centro B y un radio r mayor que la mitad de la distancia entre P y la pared. Llamemos C al punto donde se intersecan la circunferencia y el eje x. Tracemos una recta paralela a la pared que pasa por C. La distancia entre los puntos de la recta y la pared es r. Tracemos una circunferencia con centro P y radio r. Llamemos D y E a los puntos donde la recta paralela interseca a la última circunferencia.

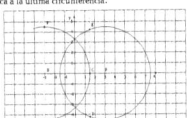

D y E están a r unidades de la recta y de P, es decir, D y E están a la misma distancia de la pared que del sillón por lo que son posibles varios puntos en dónde ubicar la lámpara. Cómo el radio de la circunferencia inicial fue cualquiera, al ir cambiándolo obtenemos más lugares para ubicar la lámpara.

Planteemos analíticamente la situación.

Queremos encontrar un punto $P = (x ; y)$, cuya distancia a la recta d sea la misma que al punto F.

O sea, $dist(P , d) = dist(P , F)$

Como la recta es vertical, la distancia de P a d es $|x + c| \Rightarrow |x + c| = \sqrt{(x - c)^2 + y^2}$.

Si elevamos al cuadrado ambos miembros:

$$\ldots + 2xc + c^2 = \ldots - 2xc + c^2 + y^2$$

Cancelando obtenemos: $x = \dfrac{y^2}{4c}$.

Si se realiza un gráfico, se observa que la lámpara se puede ubicar en:

Llamamos parábola al lugar geométrico de los puntos del plano que equidistan de un punto F, llamado foco, y de una recta, llamada directriz.

Si la recta directriz es horizontal, su ecuación es $y = -c$, con $c \in \mathbb{R}$, y el foco es $F = (0 ; c)$, con lo cual, la ecuación de la parábola resulta: $y = \dfrac{x^2}{4c}$ que es la fórmula de una función cuadrática.

La ecuación de la parábola de foco $F = (c ; 0)$ y directriz $x = -c$ con $c > 0$ es $x = \dfrac{y^2}{4c}$.

La ecuación de la parábola de foco $F = (0 ; c)$ y directriz $y = -c$ con $c > 0$ es $y = \dfrac{x^2}{4c}$.

Sus respectivas gráficas son:

1. Decidan si estas funciones son cuadráticas.

a. $t(x) = 5(2 - x)(x + 2) + 3(x + 1)(x + 2) + 2x^2$ ....

b. $y = 3(x - 1)(x + 2) - (x + 4)^2$ ....

2. La función $p(x) = -5x^2 + 300x + 3195$ determina la cantidad de pacientes que ingresan en un hospital x días después del 1 de junio en que empieza una epidemia de gripe.

a. ¿Cuál es el día en el que ingresan más pacientes? ....

b. ¿Cuál es la cantidad máxima de pacientes que ingresaron durante la epidemia? ....

c. ¿Cuánto dura la epidemia? ....

d. ¿Qué día ingresan 4570 pacientes? ....

e. ¿Cuántos pacientes ingresan el 4 de julio? ....

3. Grafiquen estas funciones cuadráticas calculando previamente el vértice y dos pares de valores simétricos en cada una.

a. $f(x) = -3x^2 + 12x + 15$ **b.** $h(t) = 4t - t^2 + 32$ **c.** $y = x^2 - 4$ **d.** $g(s) = -5s^2$

4. Se quiere construir un cantero como el del dibujo, en el cual la división horizontal pasa por la mitad. Para ello se cuenta con 3600 m de alambre y se desea utilizarlo todo para cercar el cantero y las divisiones. ¿Cuáles deben ser las medidas para que el área sea máxima?

5. Encuentren la fórmula de una función cuadrática cuyo vértice sea (–3 ; 9) y pase por el punto (1 ; 41).

6. Encuentren la fórmula de la función cuadrática cuyas raíces son –3 y 5, y pasa por el punto (2 ; 15).

7. En una isla se introduce una cantidad de abejas el 1 de marzo. La función $C(x) = -5(x + 20)(x - 80)$ permite calcular la cantidad de abejas que hay en la isla x días después del 1 de marzo.

a. ¿Qué día la población de abejas es mayor?

b. ¿Cuál es la mayor cantidad de abejas que llega a haber en la isla?

c. ¿Cuántas abejas habrá en la isla el 5 de abril?

d. ¿Cuándo se extinguen las abejas?

8. Con 250 m de alambre y usándolo todo se quiere construir un cantero como el del dibujo, donde la división vertical se encuentra en el medio. ¿Cuáles deben ser las medidas para que el área sea máxima?

9. Con 1200 m de alambre se desea cercar un campo y dividirlo en 6 parcelas iguales, como muestra el dibujo. ¿Cuáles deben ser las dimensiones del terreno para que el área cercada sea máxima?

10. La velocidad V de un misil (en metros por segundo) después de ser lanzado está dada por la función: $V = 54t - 2t^2 + 10$.

a. ¿Cuál es la velocidad máxima que alcanza el misil y en qué momento se produce?

b. ¿Luego de cuánto tiempo el misil se detiene?

c. ¿En qué momento la velocidad del misil será de 350 m/s? ¿y de 400 m/s?

5

Sistemas de ecuaciones

Cuando se analizan dos fenómenos distintos con las mismas variables en juego, muchas veces es necesario averiguar para qué valores de las variables los dos se comportan de la misma manera. Por ejemplo, si hay que analizar cuándo dos camiones que se dirigen al mismo lugar, por la misma ruta a velocidad constante o no, se encuentran. En esos casos, se resuelven sistemas de ecuaciones.

Sistemas de ecuaciones lineales

Problema I

Un grupo de alumnos de jardín de infantes va al cine junto a algunas madres y la maestra. La entrada de los adultos cuesta $3,75 y la de los niños, $16. A la salida van todos a tomar algo a una confitería. Todos los adultos toman café, que cuesta $8,50, y los niños toman una gaseosa, que cuesta $12. Si pagaron $572 en el cine y $316,5 en la confitería, ¿cuántos niños y cuántos adultos fueron al cine?

1. Calculen las edades de Pedro y Miguel, si se sabe que el triple de la edad de Miguel es 36 años menos que la edad de Pedro, y además Miguel tiene 68 años menos que Pedro.

2. Nicolás y Federico fueron de compras a la librería. Nicolás compró cuatro carpetas y ocho cuadernos y gastó $30. Federico compró una carpeta y dos cuadernos y gastó $2,5. ¿Cuánto costaban cada cuaderno y cada carpeta?

Problema II

En cada caso encuentren, si existen, todos los puntos comunes a las rectas dadas. Escríbanlos analítica y gráficamente lo que hacen.

a. $\begin{cases} y = 50x \\ x = 50x + 25 \end{cases}$

b. $\begin{cases} 2x + 4y = 5 \\ 4x + 8y = 10 \end{cases}$

c. $\begin{cases} x + y = 1 \\ 7x + 12y = 30 \\ 2y = x \end{cases}$

d. $\begin{cases} x + y = 2 \\ 7x + 12y = \frac{N_2}{2} \\ 2y = x \end{cases}$

Encuentren gráfica y analíticamente el conjunto solución de estos sistemas de ecuaciones.

a. $\begin{cases} 2(y - 3x) = 5 - 3(2x - 1) \\ \dfrac{x}{2} - \dfrac{2x + y}{4} = 1 \end{cases}$

b. $\begin{cases} x - 3y = 5 + y \\ y - 2x = 1 \\ 8x - y - 9 = 0 \end{cases}$

Encuentren en cada caso un sistema de ecuaciones cuya resolución gráfica sea:

a.

b.

c.

d.

5. Encuentren un sistema de ecuaciones cuyo conjunto solución sea:

   a. $S = \{(2 ; -3)\}$

   b. $S = \{(x ; y) / x \in R, y \in R, y = -x + 3\}$

6. Un comerciante quiere preparar 10 kg de té para venderlo a \$12,90 el kilogramo. Va a usar dos clases diferentes: té fuerte, té con canela, de \$15 y \$8 el kilogramo respectivamente. ¿Cuántos kilogramos de cada clase debe colocar?

7. Don José posee un negocio de venta de café en grano y quiere preparar un café especial para sus clientes. Para ello va a mezclar dos tipos de café. Un café común que cuesta \$7 el kilogramo y un café selección de \$12 el kilogramo. Va a preparar bolsas de 1 kg que venderá a \$10 y que tendrán el doble de café común que de café selección.

   a. ¿Cuántos kilogramos de cada café deberá poner José en cada bolsa?

   b. ¿A cuánto deberá vender José la bolsa para obtener ganancia?

8. Encuentren los valores de $k \in \Re$ para que el sistema sea:

   a. compatible determinado;

   b. compatible indeterminado; $\begin{cases} kx + y = 9 \\ x + 3y = 7 \end{cases}$

   c. incompatible.

9. Propongan un sistema de tres ecuaciones con dos incógnitas que sea incompatible.

10. ¿Puede un sistema de dos ecuaciones con dos incógnitas del siguiente tipo ser incompatible? ¿Por qué?

    $\begin{cases} ax + by = 0 \\ cx + dy = 0 \end{cases}$

11. Escriban un sistema de ecuaciones lineales con dos incógnitas que sea compatible indeterminado y que $(-2 ; 5)$ pertenezca al conjunto solución.

12. La resolución gráfica del sistema de dos ecuaciones lineales con dos incógnitas es:

    $\begin{cases} ax + by = 9 \\ dx + ey = 2 \end{cases}$

¿Cómo es la positividad de a, b, d y e? ¿Por qué?

Sistemas de ecuaciones mixtos

Problema III

Un automóvil se dirige hacia Neuquén, desde una velocidad ubicada a la vera de Buenos Aires, por una ruta rectilínea. La distancia de dicho automóvil a la ciudad de Buenos Aires puede calcularse por la función $D = 250 + 60t$, donde D es la distancia medida en km y t es el tiempo medido en horas. Al mismo tiempo transita por la misma ruta otro automóvil, y salió a la misma hora pero desde otra localidad, ubicada a 95 km de Buenos Aires; la distancia de dicho automóvil a la ciudad de Buenos Aires puede calcularse por la función $D = 95 + 80t + 5t^2$, donde D es la distancia medida en km y t es el tiempo medido en horas. ¿Se encuentran estos dos vehículos en algún instante? ¿En qué lugar se realiza el encuentro?

13. Verifiquen que el camión del problema III no va a velocidad constante. (Recuerden que la velocidad $v = \dfrac{\Delta e}{\Delta t}$ = espacio recorrido dividido el tiempo transcurrido.)

14. Sabiendo que la aceleración de un móvil es la diferencia de velocidad por cada unidad de tiempo, o sea: $a = \dfrac{\Delta v}{\Delta t}$, calculen la aceleración del camión y del automóvil del problema III en distintos intervalos de tiempo. ¿A qué conclusión pueden llegar?

15. Una moto transita por la misma ruta que los vehículos del problema III y parte dos horas antes con una velocidad constante de 60 km/h. ¿En qué momento se encuentra la moto con cada uno de los vehículos? ¿Se encuentran en algún lugar los tres vehículos juntos?

16. Un auto que se desplaza por una ruta rectilínea, salió de Buenos Aires a las 8 de la mañana a una velocidad constante de 100 km/h. Otro auto que sale, a la misma hora, desde Chascomús (a 150 km de Buenos Aires) se desplaza por la misma ruta, y la fórmula que permite calcular la distancia a Buenos Aires (en kilómetros) en función del tiempo (en horas) es: $D(x) = 150 + 10x + x^2$, ¿se encuentran estos autos en algún momento?

17. De todas las rectas que pasan por el punto $(1 ; -8)$, ¿cuál es tangente a la parábola $f(x) = 2x^2 - 5x + 3$?

18. ¿Cuál es la recta tangente a la gráfica de $y = x^2 + 3$ en el punto $(2 ; 7)$?

19. Grafiquen las siguientes funciones y encuentren los puntos de intersección.

a. $f(x) = 3x^2 - 6x + 3$ $g(x) = -9x + 18$

b. $f(x) = 3x^2 - 6x + 3$ $g(x) = -x^2 + 6x - 5$

Problema IV

Calculen el área del cuerpo rectángulo sombreado, donde las fórmulas de las parábolas que lo limitan son: $f(x) = x^2 - 6x + 27$ y $g(x) = -x^2 + 6x + 50$.

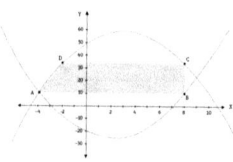

23. Hallen el área de las siguientes figuras:

a. $f(x) = -3x^2 + 18x + 21$

b. $f(x) = -3x^2 + 12x + 180$ $g(x) = 7x^2 - 35x - 168$

c. $f(x) = -x^2 + 5x + 9$ $g(x) = 2x^2 - 9x + 4$

24. a. ¿Cuántas soluciones puede tener un sistema de ecuaciones formado por una ecuación lineal y una cuadrática? ¿Por qué?

b. ¿Cuántas soluciones puede tener un sistema de ecuaciones formado por dos ecuaciones cuadráticas? ¿Por qué?

El programa GeoGebra

El programa Geogebra es un *software* de matemática que puede bajarse gratuitamente de http://
www.geogebra.org/cms/es .
Bajen el programa y resuelvan los problemas.

1. a. Grafiquen la función $f(x) = 2x^2 + x - 3$.

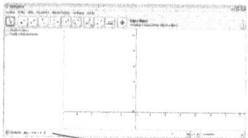

→ Espacio donde se escribe
la función a graficar.

b. Hagan clic en el ícono deslizador y luego el sector de gráfico. Se les abrirá una pantalla.

Cambien la letra por m y el intervalo de –10 a 10.

c. Grafiquen la recta y = mx – 2.

d. ¿Qué característica común tienen las rectas dibujadas al mover el deslizador?

e. Hagan clic en la flecha y luego muevan el punto del deslizador. ¿Hay algún valor de x para el que la recta y la parábola se intersequen en un solo punto? ¿Y para que no se intersequen? ¿Cómo se dan cuenta?

2. a. Grafiquen la función $g(x) = x^2 - 5x + 6$.

b. Pongan dos veces el deslizador. Uno con el nombre m y el otro con el nombre b.

c. Grafiquen la ecuación y = mx + b.

d. ¿Para qué valores de m y de b el sistema formado por la función cuadrática y la lineal tiene dos soluciones? ¿Para qué valores tiene solución única? ¿Para qué valores no tiene solución? Expliquen todas sus respuestas.

Sistemas de ecuaciones lineales

Problema I

Analicemos en principio qué queremos averiguar: Necesitamos saber cuántos adultos y cuántos niños hay. Llamemos **x** a la cantidad de adultos e **y** a la cantidad de niños; sobre x e y tenemos ciertas condiciones:

$28 x + 16 y = 572$ (1)   "La entrada de los adultos cuesta $28 y la de los niños, $16". "...Si pagaron $572 en el cine..."

$8,50 x + 12 y = 316,5$ (2)   "Todos los adultos toman café, que cuesta $8,50, y los niños toman una gaseosa que cuesta $12". "...$316,5 en la cafetería..."

Tenemos entonces dos ecuaciones lineales de 2 variables **x** e **y**. Cada una de ellas tiene infinitas soluciones, lo que buscamos es una de las soluciones que debe cumplirse simultáneamente en las dos ecuaciones; o sea que debemos encontrar valores x e y que verifiquen tanto la ecuación (1) como la ecuación (2). Observemos cómo podemos hacer esto:

Despejamos **y** en la ecuación (1) $y = \dfrac{572 - 28 x}{16}$ (3)

Como la variable **y** debe ser la misma en ambas ecuaciones, entonces reemplazando (3) en la ecuación (2) $8,50 x + 12 \cdot \left(\dfrac{572 - 28 x}{16} \right) = 316,5$

Operando obtenemos $8,50 x + 429 - 21 x = 316,5$

Despejamos **x** $x = 9$

Luego reemplazamos en (3) $y = 20$

Verificación:

Podemos verificar si los valores hallados son los buscados reemplazando estos en las expresiones (1) y (2):

$28 \cdot 9 + 16 \cdot 20 = 252 + 320 = 572$

$8,50 \cdot 9 + 12 \cdot 20 = 76,50 + 240 = 316,5$

Por lo tanto, el punto (9 ; 20) verifica ambas ecuaciones, con lo cual al cine fueron nueve adultos y veinte niños.

Analicemos gráficamente el problema anterior.

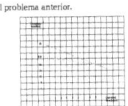

Las ecuaciones (1) y (2) se representan gráficamente, cada una, por una recta, como vemos en la figura, y el punto que encontramos es el punto de intersección de ambas rectas, o sea, el punto común a las dos.

Lo que estábamos buscando en el problema anterior eran soluciones comunes a algunas ecuaciones lineales.

Resolver un sistema de ecuaciones lineales con dos incógnitas es buscar soluciones comunes de todas las ecuaciones lineales con dos incógnitas que lo componen:

$$\begin{cases} a\,x + b\,y = c \\ d\,x + e\,y = f \\ \dots\dots\dots \end{cases}$$

Una solución de un sistema de ecuaciones es un punto $(x\,;\,y)$ que verifica todas las ecuaciones.

El conjunto solución de un sistema de ecuaciones es el conjunto formado por todos los puntos $(x\,;\,y)$ que son solución de todas las ecuaciones.

En el problema I tenemos dos rectas que se cortan en un solo punto. El sistema formado tiene una sola solución y su conjunto solución es: $S = \{(9\,;\,20)\}$

Problema II

Analicemos gráficamente distintos sistemas de ecuaciones.

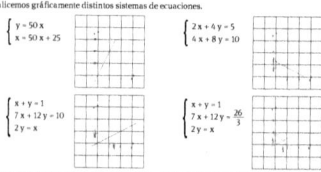

$$\begin{cases} y = 50\,x \\ x = 50\,x + 25 \end{cases} \qquad \begin{cases} 2\,x + 4\,y = 5 \\ 4\,x + 8\,y = 10 \end{cases}$$

$$\begin{cases} x + y = 1 \\ 7\,x + 12\,y = 10 \\ 2\,y = x \end{cases} \qquad \begin{cases} x + y = 1 \\ 7\,x + 12\,y = \dfrac{26}{3} \\ 2\,y = x \end{cases}$$

En el primer caso tenemos dos rectas paralelas, que tienen igual pendiente y distinta ordenada al origen, por lo que no hay puntos que pertenezcan a ambas rectas; luego, el sistema no tiene solución y el conjunto solución es: $S = \varnothing$.

$\varnothing$: Conjunto vacío = conjunto que no tiene elementos.

En el segundo caso tenemos dos rectas que tienen igual pendiente e igual ordenada al origen; luego, las dos ecuaciones están representadas por la misma recta, con lo cual hay infinitos puntos que verifican ambas ecuaciones, por ejemplo, (2 ; 0,25) y (1 ; 0,75), pero no todos los puntos del plano son solución del sistema; por ejemplo, (5 ; 0) no es solución. Los puntos que sí son

solución deben verificar $y = \dfrac{5}{4} - \dfrac{1}{2} x$

Entonces su conjunto solución es: $S = \left\{ (x\,;\,y) \,/\, x \in R,\ y \in R\ \text{e}\ y = \dfrac{5}{4} - \dfrac{1}{2} x \right\}$

En el tercer caso tenemos tres rectas que no se intersecan, las tres, en un mismo punto. Es decir no hay ningún par (x ; y) que sea solución de las tres ecuaciones. El sistema entonces no tiene solución y su conjunto solución es: $S = \varnothing$.

En el cuarto caso las tres rectas coinciden en un punto; este sistema tiene solución única. Para hallar el punto analíticamente resolvemos el sistema formado por dos de ellas. Por ejemplo, resolvemos

$$\begin{cases} x + y = 1 \\ 2y = x \end{cases} \Rightarrow 2y + y = 1 \Rightarrow 3y = 1 \Rightarrow y = \dfrac{1}{3} \Rightarrow x = 2 \cdot \dfrac{1}{3} = \dfrac{2}{3}$$

El par $\left(\dfrac{2}{3}\,;\,\dfrac{1}{3} \right)$ es solución del sistema formado por las dos ecuaciones. Verifiquemos que también es solución de la tercera ecuación.

$7 \cdot \dfrac{2}{3} + 12 \cdot \dfrac{1}{3} = \dfrac{14}{3} + \dfrac{12}{3} = \dfrac{26}{3}$

El conjunto solución es entonces $S = \left\{ \left(\dfrac{2}{3}\,;\,\dfrac{1}{3} \right) \right\}$

Un sistema de ecuaciones con dos incógnitas puede estar representado por:
- **Rectas que se cortan en un punto,** como en el caso del problema I o del cuarto caso del problema II.
- **Rectas coincidentes,** que tienen igual pendiente e igual ordenada al origen, con lo cual coinciden en todos sus puntos.
- **Rectas paralelas,** que tienen igual pendiente y distinta ordenada al origen, con lo cual no hay puntos que verifiquen todas las ecuaciones simultáneamente.
- **Tres o más rectas que no coinciden todas en un solo punto,** con lo cual el sistema no tiene solución.

El conjunto solución de un sistema de ecuaciones lineales con dos incógnitas puede estar formado por:
- Un solo punto.
- Infinitos puntos.
- Ningún punto, o sea, ser vacío.

Un sistema de ecuaciones lineales se llama:
Compatible determinado si su conjunto solución está formado por un solo punto.
Compatible indeterminado si su conjunto solución tiene infinitos puntos.
Incompatible si su conjunto solución es vacío.

Sistemas de ecuaciones mixtos

Problema III

Analicemos un poco cada situación. La función que permite calcular la distancia del automóvil es una función lineal, lo que indica que la velocidad de este auto es constante y de 80 km/h. Además el gráfico de esta función es una recta. La función que permite calcular la distancia del camión es una función cuadrática; por lo tanto, el camión no va a velocidad constante. Su gráfico es una parábola. Representemos las dos funciones:

Este gráfico nos indica que ambos vehículos se encuentran a la misma distancia de Buenos Aires en el mismo momento, o sea que la respuesta a la primera pregunta del problema es que sí se encuentran. Tenemos que encontrar en qué momento lo hacen y dónde. La fórmula de cada función es una ecuación con dos variables, una es el tiempo y la otra, la distancia a Buenos Aires. Cada una de estas ecuaciones tiene infinitos puntos (t ; D) que la verifican; por ejemplo, los puntos: (0 ; 150), (0,5 ; 190) y (3 ; 290) verifican la primera ecuación y (0 ; 95), (0,5; 111,25) y (6 ; 455) verifican la segunda. Cada uno de esos puntos está en la gráfica de cada función. El punto que estamos buscando debe verificar ambas ecuaciones.

$$\begin{cases} D = 150 + 80\,t \\ D = 95 + 30\,t + 5\,t^2 \end{cases}$$

Como la distancia en el momento del encuentro debe ser la misma, igualamos las distancias:

$$150 + 80\,t = 95 + 30\,t + 5\,t^2$$

de donde se obtiene la ecuación: $5\,t^2 - 50\,t - 55 = 0$ cuyas soluciones son:

$t_1 = 11$ y $t_2 = -1$. Por las características del problema, la solución que tiene sentido es que se encuentran a las once horas de haber partido. Para calcular dónde se encuentran, averiguamos, para cualquiera de los dos vehículos, la distancia a la que están de Buenos Aires:

$$D = 150 + 80 \cdot 11 = 1030 \qquad D = 95 + 30 \cdot 11 + 5 \cdot 121 = 1030$$

Ambos vehículos se encuentran a las once horas de haber partido a 1030 km de Buenos Aires. En el gráfico, este punto es la intersección de ambas curvas.

Lo que acabamos de resolver es un sistema compuesto por una ecuación cuadrática y una lineal.

Se llama sistema mixto a aquel que está compuesto por dos o más ecuaciones de diferente tipo.

Problema IV

Lo primero que podemos observar es que la parábola que corresponde a f(x) es la que va hacia arriba, ya que a = 1 > 0 y la otra es g(x). Ubiquemos ahora los vértices del trapecio.

- A es una de las intersecciones de ambas parábolas y tiene x negativo. Calculemos dicha intersección.

$$\begin{cases} f(x) = x^2 - 4x - 22 \\ g(x) = x^2 + 6x + 50 \end{cases} \Rightarrow x^2 - 4x - 22 = -x^2 + 6x + 50 \Rightarrow 2x^2 - 10x - 72 = 0 \Rightarrow x = 9 \text{ o } x = -4$$

La abscisa de A es entonces x = −4. Para calcular la coordenada y, reemplazamos x = − 4 en cualquiera de las dos funciones, así obtenemos y = 10. Por lo tanto: A = (−4 ; 10).

- B tiene la misma ordenada que A, su abscisa es positiva y pertenece a la gráfica de la función f(x). Estamos buscando un valor de x positivo que verifique f(x) = 10.

$$x^2 - 4x - 22 = 10 \Rightarrow x^2 - 4x - 32 = 0 \Rightarrow x = -4 \text{ o } x = 8$$

Por lo tanto B = (8 ; 10)

- C es un punto de la gráfica de la función g(x) que tiene x = 8, es decir y = g(8) = 34. Por lo tanto C = (8 ; 34).

- D es un punto que pertenece a la gráfica de g(x), tiene la misma ordenada que C y su abscisa es negativa. Entonces hay que buscar un valor de x negativo que verifique g(x) = 34.

$$x^2 + 6x + 50 = 34 \Rightarrow x^2 + 6x + 16 = 0 \Rightarrow x = 8 \text{ o } x = -2$$

Luego D = (−2 ; 34). Si dibujamos el trapecio con sus vértices, tenemos:

Los lados $\overline{AB}$ y $\overline{CD}$ son paralelos y el lado $\overline{BC}$ es perpendicular a $\overline{AB}$, por lo tanto las bases de este trapecio son $\overline{AB}$ y $\overline{CD}$ y la altura es $\overline{BC}$. La medida de $\overline{AB}$ coincide con la distancia de −4 a 8 => | $\overline{AB}$ | = 8 − (−4) = 12 unidades.
La medida de $\overline{BC}$ coincide con la distancia de 10 a 34 => | $\overline{BC}$ | = 34 − 10 = 24 unidades.
La medida de $\overline{CD}$ coincide con la distancia de −2 a 8 => | $\overline{CD}$ | = 8 − (−2) = 10 unidades.

Área del trapecio = $\dfrac{(|\overline{AB}| + |\overline{CD}|) \cdot |\overline{BC}|}{2}$ = $\dfrac{(12 + 10) \cdot 24}{2}$ = 264 unidades de superficie.

Las unidades de superficie son rectangulitos cuya base mide una unidad del eje x y la altura mide una unidad del eje y. Si la escala en ambos ejes es igual, esta unidad es un cuadrado.

- **Resuelvan en la carpeta.**

1. Estoy ahorrando monedas de $1 y $0,10 en un chanchito de cerámica. Como no lo puedo abrir a menos que lo rompa y quiero saber cuánta plata hay dentro, averigüé que la alcancía vacía pesa 200 g, las monedas de $1 pesan 20 g y las de $0,10 pesan 10 g. Si ahora la alcancía pesa 720 g y puse 50 monedas, ¿cuánta plata tengo?

2. Un auto parte de Buenos Aires rumbo a Mar del Plata por una ruta recta a una velocidad constante de 75 km/h. En el mismo momento, otro auto que se encuentra en una localidad situada a 25 km de Buenos Aires, en la misma ruta, parte rumbo a Mar del Plata, de modo tal que a las 2 horas está a 175 km de Buenos Aires. ¿Se encuentran los autos en algún momento? ¿Cuándo? ¿A qué distancia de Buenos Aires?

3. Tamara y Ariel tienen figuritas. Si Ariel le diera 3 a Tamara, esta tendría la mitad de lo que tendría Ariel. Si Tamara le diera 7 a Ariel este tendría cuatro veces más que Tamara. Las figuritas de Ariel cuestan 35 centavos y las de Tamara $1, entre los dos gastaron $32 con 5 centavos. ¿Cuántas figuritas tiene cada uno?

4. Ariel y Nicolás tienen en conjunto 25 figuritas. Si Ariel le diera a Nicolás 5 figuritas, este tendría 4 más que el doble de las que le quedaron a Ariel. ¿Cuántas figuritas tiene cada uno?

5. Dos números tienen una diferencia de 3 y su producto es 270. ¿Cuáles son esos números?

6. Encuentren gráfica y analíticamente el conjunto solución de estos sistemas de ecuaciones.

a. $\begin{cases} 2x + 9y - 1 = 8 \\ x - 6y = 15 \\ 8y - x = 1 \end{cases}$
b. $\begin{cases} 2x - 4y = 5 + x \\ y - 2y = 8 + x \end{cases}$

7. En cada caso hallen los valores de $k \in \mathbb{R}$ para que el sistema sea:

    i. compatible determinado   **ii.** compatible indeterminado   **iii.** incompatible

a. $\begin{cases} 5x + 9y = 2 \\ x + ky = \dfrac{2}{5} \end{cases}$
b. $\begin{cases} 3x - ky = 9 \\ 2x + 6y = k \end{cases}$

8. Hallen los puntos de intersección entre estas funciones.
a. $f(x) = 2x^2 - 8x + 12$ y $g(x) = -3x + 9$
b. $f(x) = 2x^2 - 4x - 6$ y $g(x) = -3x^2 + 51$

9. Hallen el área de la siguiente figura, donde $f(x) = -x^2 + 4x + 77$ y $g(x) = x^2 - 81$.

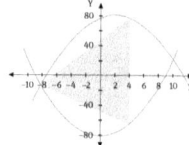

Semejanza de figuras

En muchos casos es necesario confeccionar mapas, planos o figuras que representen elementos reales. Para conservar la forma y las propiedades originales, se realizan figuras semejantes.

Semejanza de figuras

Problema 1

a. Completen la figura como si fuera la ampliación de la original en una fotocopiadora. Expliquen qué tienen en cuenta para dibujar.

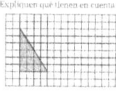

b. Completen la figura como si fuera una reducción de la original en una fotocopiadora. Expliquen qué tienen en cuenta para dibujar.

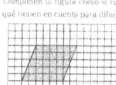

c. Completen la figura como si fuera una reducción en una fotocopiadora. Expliquen qué tienen en cuenta para dibujar.

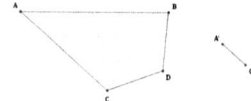

2. Las figuras ABCD y A'B'C'D' son semejantes. Los ángulos que tienen las mismas letras son iguales. Completen la figura A'B'C'D'. Escriban qué tienen en cuenta para dibujar y cómo aseguran que las figuras son semejantes.

2. Estas figuras son semejantes y los lados homólogos tienen las mismas letras. Encuentren en cada caso la razón de semejanza y todos los valores de los lados y los ángulos.

a.

b.

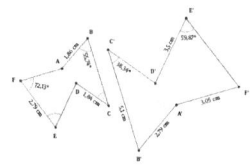

Problema II

a. Dibujen en la carpeta, si es posible, dos cuadrados que sean semejantes y dos que no lo sean.

b. Dibujen en la carpeta, si es posible, dos rombos que sean semejantes y dos que no lo sean.

c. Dibujen en la carpeta, si es posible, dos rectángulos que sean semejantes y dos que no lo sean.

d. Dibujen en la carpeta, si es posible, dos triángulos que sean semejantes y dos que no lo sean.

3. a. ¿Es cierto que dos hexágonos regulares son siempre semejantes? ¿Por qué?

b. ¿Qué ocurre con dos pentágonos regulares?

4. ¿Es cierto que si dos figuras son semejantes, entonces, los lados de la segunda se obtienen multiplicando por el mismo número a los lados de la primera? ¿Por qué?

Semejanza de triángulos

Problema III

Dibujen dos rectas paralelas y diferentes r y s. Elijan dos puntos A y B en r y dos puntos C y D en s. ¿Es cierto que los triángulos ABC y ABD tienen la misma área? ¿Por qué?

Problema IV

a. En esta figura, AE es paralelo a DE. ¿Es cierto que los triángulos ABC y DBE son semejantes? ¿Por qué?

b. ¿Es cierto que si dos triángulos tienen los mismos ángulos entonces son semejantes? ¿Por qué?

5. ¿Es cierto que si dos triángulos tienen dos ángulos iguales entonces son semejantes? ¿Por qué?

6. ¿Alcanza con saber que dos cuadriláteros tienen los mismos ángulos para determinar que son semejantes? ¿Por qué?

7. Escriban en qué casos puede decirse que los triángulos son semejantes. Expliquen por qué.

a.   b.

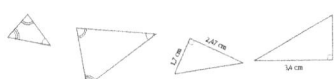

c.   d.

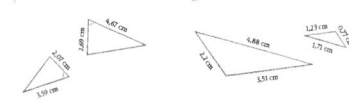

Problema V

ABC y A'B'C' son triángulos semejantes con razón de proporcionalidad k. Calculen la razón entre sus alturas y la razón entre sus perímetros.

5. En cada caso los pares de triángulos son semejantes. Calculen las medidas de todos los lados y los ángulos.

a.

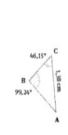

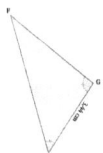

b.

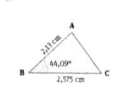

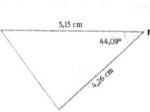

c.

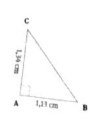

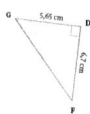

d.

9. El perímetro de un triángulo ABC es 15 cm. El perímetro de un triángulo A'B'C', semejante a ABC es 23 cm. Si $\overline{A'B'}$ = 3 cm, ¿cuál es la medida de $\overline{AB}$?

10. En esta figura, $\overline{AB}$ es paralelo a $\overline{EF}$ y $\overline{DE}$ es paralelo a $\overline{BF}$. ¿Qué triángulos son semejantes? ¿Por qué?

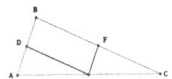

11. Los triángulos ABC y DEB son rectángulos. $\overline{AC}$ = 15 cm, $\overline{CD}$ = 10 cm y $\overline{BA}$ = 20 cm.

a. ¿Es cierto que los triángulos ABC y DEC son semejantes? Si la respuesta es negativa, escriban por qué. Si es positiva, identifiquen además los lados homólogos.

b. Calculen el área y el perímetro del cuadrilátero ACDE.

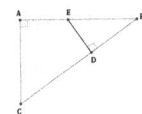

12. En esta figura, ABC es un triángulo y $\overline{MN}$ es paralelo a $\overline{AC}$. ¿Es cierto que los triángulos ABC y MBN son semejantes? ¿Por qué?

El teorema de Tales

Problema VI

a. En esta figura, $\overline{DE}$ es paralelo a $\overline{AB}$. ¿Es cierto que $\dfrac{\overline{AD}}{\overline{DC}} = \dfrac{\overline{BE}}{\overline{EC}}$?

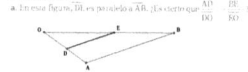

b. En esta figura, a y t son rectas paralelas y a y b son transversales.

¿Es cierto que $\dfrac{\overline{AB}}{\overline{BC}} = \dfrac{\overline{DE}}{\overline{EF}}$?

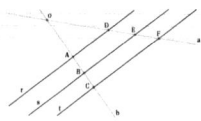

1) Encuentren otras proporciones entre los segmentos del problema anterior.

2) En esta figura las rectas a, b y c son rectas paralelas. $\overline{AB} = 3$ cm, $\overline{AC} = 8$ cm, $\overline{EF} = 10$ cm y $\overline{AE} = 24$ cm.

a. Escriban los triángulos semejantes.

b. Calculen el perímetro del triángulo ADG.

Sigan las instrucciones y construyan lo pedido.

1. Construir una semirrecta con origen en A que no se superponga con la recta que contiene al segmento $\overline{AB}$.
3. Marcar, en esa semirrecta los segmentos $\overline{AD}$, $\overline{DE}$, $\overline{EF}$, $\overline{FG}$, $\overline{GH}$, $\overline{HI}$, $\overline{IC}$ de 1 cm.
4. Trazar el segmento $\overline{CB}$.
5. Trazar rectas paralelas a $\overleftrightarrow{CB}$ que pasen por D, E, F, G, H e I.

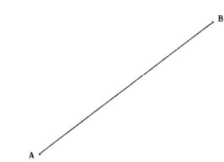

a. ¿Es cierto que el segmento $\overline{AB}$ quedó dividido en siete partes iguales? ¿Por qué?

b. ¿Es necesario que los segmentos que se dibujan en la semirrecta midan 1 cm o es posible hacerlos de otras medidas?

14. Dividan este segmento en nueve partes iguales. Escriban en la carpeta todos los pasos que siguen para hacerlo.

Los criterios de semejanza

Usen el programa GeoGebra para resolver estas actividades.

1. a. Dibujen un triángulo con un lado de 5 cm, otro de 4 cm y el ángulo comprendido entre ellos de 35°. Escriban en la carpeta los pasos que dieron para construirlo.
b. Dibujen otro triángulo con un lado de 10 cm, otro de 8 cm y el ángulo comprendido entre ellos de 35°. Escriban en la carpeta los pasos que dieron para construirlo.
c. Midan el tercer lado de los dos triángulos. ¿Es cierto que los lados son proporcionales? Si la respuesta es afirmativa, indiquen la constante de proporcionalidad.

d. Midan los otros ángulos de los triángulos. ¿Qué ocurre? ¿Por qué consideran que ocurre esto?

2. a. Dibujen un triángulo con un lado de 2 cm, otro de 5 cm y el ángulo comprendido entre ellos de 127°. Escriban en la carpeta los pasos que dieron para construirlo.
b. Dibujen otro triángulo con un lado de 6 cm, otro de 15 cm y el ángulo comprendido entre ellos de 127°. Escriban en la carpeta los pasos que dieron para construirlo.
c. Midan con la computadora lo que sea necesario para decidir si es cierto que los triángulos dibujados son semejantes.

3. Observen los problemas 1 y 2 y escriban una conclusión.

4. a. Dibujen un triángulo con un lado de 5 cm y los ángulos que se apoyan sobre él de 43° y 62°. Escriban en la carpeta los pasos que dieron para construirlo.
b. Dibujen un triángulo con un lado de 2,5 cm y los ángulos que se apoyan sobre él de 43° y 62°. Escriban en la carpeta los pasos que dieron para construirlo.
c. Midan los otros lados de los triángulos. ¿Es cierto que los lados son proporcionales? Si la respuesta es afirmativa, indiquen la constante de proporcionalidad.

d. ¿Es necesario medir el otro ángulo del triángulo para determinar que los ángulos son iguales? ¿Por qué?

5. Prueben con otros triángulos y escriban una conclusión.

Semejanza de figuras

Problema 1

a. La fotocopiadora puede ampliar o reducir una figura sin modificar su forma. Esto significa que si la figura que fotocopiamos es un rectángulo, en la fotocopia seguirá siendo un rectángulo con las mismas características. Los ángulos seguirán siendo rectos y los lados quedarán proporcionales a los dados. Por ejemplo, si un lado en la fotocopia ampliada es el doble que en el original, los demás lados también serán el doble.

En este caso el lado de 4 cuadraditos pasó a 6 cuadraditos, es decir, se amplió $\frac{6}{4} = \frac{3}{2} = 1,5$. Para conocer la medida del otro lado tengo que multiplicar la medida original por 1,5. Es decir, 1,5 es la constante de proporcionalidad de los lados. Queda entonces:

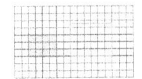

b. En el segundo caso, la figura original es un triángulo rectángulo. La reducción debe mantener la forma, con lo que también debe ser un triángulo rectángulo. Podemos observar que los lados de la figura reducida deben ser la mitad que los lados de la original. La constante de proporcionalidad de los lados es entonces $\frac{1}{2}$.

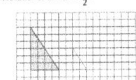

c. Si en este caso intentamos hacer lo mismo que hicimos en los otros, tenemos un problema. Una vez ubicado el primer lado, ¿con qué inclinación ubicamos el segundo? Para que la figura sea la misma, pero ampliada o reducida, los ángulos no pueden cambiar. Entonces, como la base del paralelogramo tiene que ser la mitad, en el otro lado también debe serlo, pero la inclinación no puede ser cualquiera. Por lo tanto, los lados deben ser proporcionales y los ángulos iguales.

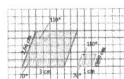

Si una figura es el resultado de la ampliación o reducción de otra en una fotocopiadora, se dice que la figura es semejante a la original. En ese caso las dos figuras tienen los mismos ángulos y sus lados son proporcionales.

Dos figuras son **semejantes** cuando tienen los ángulos iguales y sus lados son proporcionales. En ese caso, la constante de proporcionalidad de los lados se llama **razón de semejanza**.

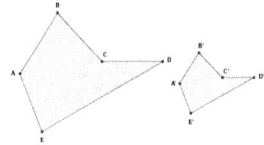

$\hat{A} = \hat{A}'$, $\hat{B} = \hat{B}'$, $\hat{C} = \hat{C}'$, $\hat{D} = \hat{D}'$, $\hat{E} = \hat{F}'$ y

$$\frac{\overline{AB}}{\overline{A'B'}} = \frac{\overline{BC}}{\overline{B'C}} = \frac{\overline{CD}}{\overline{C'D'}} = \frac{\overline{DE}}{\overline{D'E'}} = \frac{\overline{EA}}{\overline{E'A'}} = r \text{ (razón de semejanza)}$$

En dos figuras semejantes los lados que tienen los mismos ángulos en los vértices se llaman lados homólogos.

La razón de semejanza se obtiene dividiendo las medidas de dos lados homólogos.

Problema II

a. Si pensamos en dibujar dos cuadrados, podemos estar seguros de que tendrán los mismos ángulos porque todos miden 90°. Por otro lado, como todos los lados son iguales, podemos observar que:

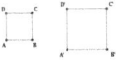

$$\frac{\overline{AB}}{\overline{A'B'}} = \frac{\overline{BC}}{\overline{B'C'}} = \frac{\overline{CD}}{\overline{C'D'}} = \frac{\overline{AD}}{\overline{A'D'}}$$

Por lo tanto todos los cuadrados son semejantes.

b. Esto no ocurre con todos los rombos ya que, aunque los lados son proporcionales por ser iguales, podríamos dibujar rombos con distintos ángulos que no serán semejantes.
Por ejemplo, estos rombos no son semejantes:

c. Si los rectángulos dibujados son cuadrados, entonces son semejantes. Para dibujar rectángulos que no sean semejantes podemos dibujar un rectángulo cualquiera y luego otro en el que un lado sea el doble del primero y el otro sea la mitad del segundo. Por ejemplo:

d. Es fácil dibujar dos triángulos que no sean semejantes. Podría ser un triángulo rectángulo y otro acutángulo. Para dibujar 2 triángulos semejantes podríamos dibujar dos equiláteros.

Claramente podemos concluir que no todos los cuadriláteros son semejantes. Podríamos preguntarnos qué ocurre con todos los polígonos. ¿Serán semejantes dos polígonos regulares con igual cantidad de lados? ¿Por qué?

Semejanza de triángulos

Problema III

Realicemos el dibujo pedido en el problema.

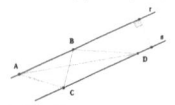

Podemos observar que los triángulos tienen la misma base, $\overline{AB}$ y como las rectas son paralelas, la altura de cada triángulo mide lo mismo. Por lo tanto, los triángulos tienen la misma área.

Problema IV

a. Como $\overline{AC}$ y $\overline{DE}$ son paralelos, tenemos que ACED es un trapecio. Tracemos sus diagonales.

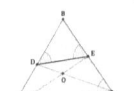

Los triángulos ABC y DBE tienen los mismos ángulos dado que:
· B es el mismo ángulo en los dos triángulos.
· BDE = CAB y DEB = ACB por correspondientes entre paralelas.
· Como $\overline{AC}$ y $\overline{DE}$ son paralelas, según el problema III, los triángulos DEA y DEC tienen la misma área. Además Área AOD = Área ADE − Área DOE = Área DEC − Área DOE = Área EOC.

Área AEB = Área AOD + Área del cuadrilátero DOEB = Área EOC + Área del cuadrilátero DOEB = Área CDB. (1)

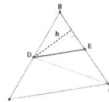

Los triángulos CDB y DEB tienen la misma altura h y entonces:

$$\frac{\text{Área de D}\hat{C}B}{\text{Área de D}\hat{E}B} = \frac{\frac{\overline{CB} \cdot h}{2}}{\frac{\overline{BE} \cdot h}{2}} = \frac{\overline{CB}}{\overline{BE}} \quad (2)$$

Los triángulos ABE y DEB tienen la misma altura h y entonces:

$$\frac{\text{Área de A}\hat{B}E}{\text{Área de D}\hat{E}B} = \frac{\frac{\overline{AB} \cdot h}{2}}{\frac{\overline{DB} \cdot h}{2}} = \frac{\overline{AB}}{\overline{DB}} \quad (3)$$

Si analizamos (1), (2) y (3), como las áreas de los triángulos DCB y AEB son iguales, nos queda:

$$\frac{\overline{CB}}{\overline{BE}} = \frac{\overline{AB}}{\overline{DB}} \quad (4)$$

Tracemos un segmento paralelo a $\overline{BC}$ que pase por D y llamamos F al punto de intersección entre ese segmento y el lado $\overline{AC}$. Obtenemos un dibujo similar al anterior.
Concluimos que:

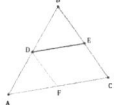

$$\text{Área } A\hat{D}C = \text{Área } A\hat{F}B \quad (5)$$

Si además analizamos los triángulos ADC, ADF y BFA obtenemos:

$$\frac{\text{Área } A\hat{D}C}{\text{Área } A\hat{D}F} = \frac{\overline{AC}}{\overline{AF}} \quad (6) \quad y \qquad \frac{\text{Área } B\hat{F}A}{\text{Área } A\hat{D}F} = \frac{\overline{AB}}{\overline{AF}} \quad (7)$$

Por (5), (6) y (7) $\frac{\overline{AC}}{\overline{AF}} = \frac{\overline{AB}}{\overline{AD}}$, luego $\frac{\overline{AF}}{\overline{AC}} = \frac{\overline{AD}}{\overline{AB}}$

Como $\overline{AF} = \overline{AC} - \overline{FC}$ y $\overline{AD} = \overline{AB} - \overline{DB}$ entonces:

$$\frac{\overline{AC} - \overline{FC}}{\overline{AC}} = \frac{\overline{AB} - \overline{DB}}{\overline{AB}} \Rightarrow 1 - \frac{\overline{FC}}{\overline{AC}} = 1 - \frac{\overline{DB}}{\overline{AB}} \Rightarrow \frac{\overline{FC}}{\overline{AC}} = \frac{\overline{DB}}{\overline{AB}}$$

con lo cual $\frac{\overline{AC}}{\overline{FC}} = \frac{\overline{AB}}{\overline{DB}}$

Pero DEFC es un paralelogramo y entonces $\overline{FC} = \overline{DE}$, luego $\frac{\overline{AC}}{\overline{DE}} = \frac{\overline{AB}}{\overline{DB}} \quad (8)$

De (4) y (8) deducimos que $\frac{\overline{AC}}{\overline{DE}} = \frac{\overline{AB}}{\overline{DB}} = \frac{\overline{CB}}{\overline{EB}}$. Luego, los triángulos tienen los mismos

ángulos y sus lados son proporcionales. Es decir, los triángulos son semejantes.

b. Si dos triángulos tienen los mismos ángulos, es posible, superponerlos y armar una figura como la del problema **a.** Por lo tanto, los triángulos son semejantes.

Dos triángulos que tienen los mismos ángulos son semejantes.

Para asegurar que dos triángulos son semejantes alcanza con verificar que tengan:
- dos ángulos iguales;
- tres lados proporcionales; o
- dos lados proporcionales y el ángulo comprendido entre ellos igual.

Problema V

Dibujemos la situación planteada.

Como los triángulos ABC y A'B'C' son semejantes, los ángulos con las mismas letras son iguales y los lados homólogos son proporcionales.

Analicemos los triángulos ABM y A'B'N.

$$\hat{B} = \hat{B'} \text{ y } B\hat{M}A = B'\hat{N}A'$$

entonces los triángulos son semejantes. Por lo tanto los triángulos son semejantes y entonces:

$$\frac{\overline{AB}}{\overline{A'B'}} = \frac{\overline{AM}}{\overline{A'N'}}$$

Si dos triángulos son semejantes, las alturas son proporcionales y tienen la misma razón que los lados.

Llamemos r a la razón entre los lados. Tenemos:

$$\frac{\overline{AB}}{\overline{A'B'}} = r \Rightarrow \overline{AB} = r \cdot \overline{A'B'}$$

$$\frac{\overline{AC}}{\overline{A'C'}} = r \Rightarrow \overline{AC} = r \cdot \overline{A'C'} \qquad \Rightarrow \overline{AB} + \overline{AC} + \overline{CB} = r \cdot \overline{A'B'} + r \cdot \overline{A'C'} + r \cdot \overline{C'B'}$$

$$\frac{\overline{CB}}{\overline{C'B'}} = r \Rightarrow \overline{CB} = r \cdot \overline{C'B'}$$

$$\overline{AB} + \overline{AC} + \overline{CB} = r \cdot \overline{A'B'} + r \cdot \overline{C'B'} = r \cdot (\overline{A'B'} + \overline{A'C'} + \overline{C'B'})$$

$$\frac{\overline{AB} + \overline{AC} + \overline{CB}}{\overline{A'B'} + \overline{A'C'} + \overline{C'B'}} = r$$

Si dos triángulos son semejantes, los perímetros son proporcionales y tienen la misma razón que los lados.

El teorema de Tales

Problema VI

b. Si analizamos la figura vemos que como $\overline{DE}$ es paralelo a $\overline{AB}$, $O\hat{D}E = O\hat{A}B$ y $O\hat{E}D = O\hat{B}A$; por lo tanto los triángulos ABO y DEO son semejantes.

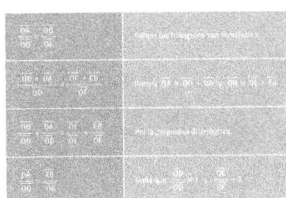

Por lo tanto la igualdad es cierta.

Analicemos los triángulos AOD y BOE.

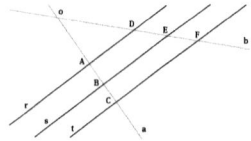

Como los segmentos $\overline{AD}$ y $\overline{BE}$ son paralelos, los triángulos AOD y BOE son semejantes,

$$\frac{\overline{AO}}{\overline{OB}} = \frac{\overline{DO}}{\overline{OE}} \quad (1)$$

Además, del problema anterior deducimos que $\dfrac{\overline{AO}}{\overline{AB}} = \dfrac{\overline{DO}}{\overline{DE}} \Rightarrow \dfrac{\overline{AO}}{\overline{DO}} = \dfrac{\overline{AB}}{\overline{DE}}$ (2).

Como los segmentos $\overline{BE}$ y $\overline{CF}$ son paralelos, los triángulos BOE y COF son semejantes, luego:

$$\frac{\overline{BO}}{\overline{BC}} = \frac{\overline{EO}}{\overline{FE}} \Rightarrow \frac{\overline{BO}}{\overline{OE}} = \frac{\overline{BC}}{\overline{FE}} \quad (3).$$

Por (1), (2) y (3) $\dfrac{\overline{AB}}{\overline{DE}} = \dfrac{\overline{BC}}{\overline{EF}}$

Teorema de Tales
Si tres o más rectas paralelas son cortadas por dos transversales, los segmentos correspondientes que quedan determinados en las transversales son proporcionales.

1. En esta figura $\overline{AB}$ es paralelo a $\overline{DE}$. Prueben que $\dfrac{\overline{CD}}{\overline{CA}} = \dfrac{\overline{EO}}{\overline{OA}}$.

2. Los segmentos $\overline{AC}$ y $\overline{ED}$ son paralelos. $\overline{CO} = 9$ cm, $\overline{AO} = 5$ cm, $\overline{AE} = 20$ cm y $\overline{DE} = 30$ cm. Calculen el perímetro de los triángulos AOC y EOD.

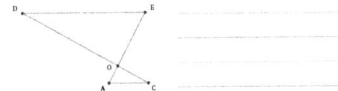

3. En esta figura $\overline{EG}$ es paralela a $\overline{DA}$ y $\overline{CB}$ es paralelo a $\overline{DF}$.
$\overline{DE} = 12$ cm, $\overline{DB} = 15$ cm, $\overline{AD} = 40$ cm, $\overline{AG} = 10$ cm, $\overline{CF} = 20$ cm.

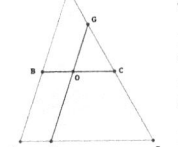

a. ¿Qué figura es DBOE? ¿Por qué?

b. ¿Es cierto que los triángulos ADF y EGF son semejantes? ¿Por qué?

c. ¿Es cierto que los triángulos EFG y OGC son semejantes? ¿Por qué?

d. ¿Es cierto que los triángulos ADF y OGC son semejantes? ¿Por qué?

e. Calculen el perímetro del triángulo ADF.

4. ACFH es un rectángulo y $\overline{AC}$ es paralelo a $\overline{DE}$ y $\overline{CH}$ es paralelo a $\overline{BG}$. $\overline{AC} = \overline{CO} = 30$ cm y $\overline{BG} = 16$ cm.

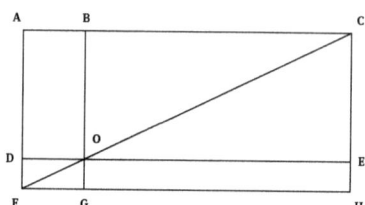

Respondan en la carpeta:

a. ¿Es cierto que los triángulos AFC y FCH son iguales? ¿Por qué?
b. ¿Es cierto que los triángulos AFC , BOC y FDO son semejantes? ¿Por qué?
c. Calculen el perímetro de los triángulos CEO , FGO y FCH.

5. ABE es un triángulo. $\overline{AD}$ es una de sus alturas y $\overline{CO}$ es paralelo a $\overline{BE}$. Además $\overline{AB} = 53$ cm, $\overline{AC} = 29$ cm, $\overline{OD} = 12{,}68$ cm y $\overline{DE} = 4$ cm. Calculen el área y el perímetro del triángulo BAE.

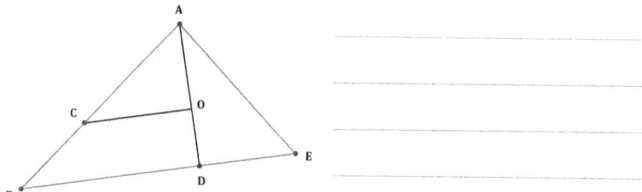

6. $\overline{BE}$ es una altura del triángulo ABC. $\overline{AB}$ es paralelo a $\overline{OD}$ y $\overline{OF}$ es paralelo a $\overline{CE}$. Además $\overline{AB} = 20$ cm, $\overline{CB} = 15$ cm, $\overline{EC} = 9$ cm y $\overline{OF} = 4$ cm.

a. ¿Qué figura es DOFC? ¿Por qué?
b. ¿El triángulo ABC es semejante al triángulo DOE? ¿Por qué?
c. ¿El triángulo ABE es semejante al triángulo BOF? ¿Por qué?
d. ¿Los triángulos ABC y DOE son semejantes? ¿Por qué?
e. ¿Los triángulos BEC y OFB son semejantes? ¿Por qué?
f. Calculen el área de la figura DOFC.

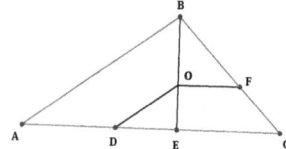

Trigonometría

La trigonometría estudia las relaciones que existen entre los lados y los ángulos de un triángulo. Esto permite modelizar situaciones en las que el dibujo que simula la situación queda identificado a partir de triángulos, y de esta manera se realizan diferentes cálculos de longitudes o ángulos que, tal vez serían inaccesibles en una medición real.

Trigonometría

Problema I

Un agrimensor quiere medir el ancho de un campo. Para ello se para en un extremo del ancho, hace allí una marca con una madera y luego toma como referencia algún objeto identificable que esté en el último opuesto del terreno, por ejemplo, una estaca del cerco. Con el teodolito, mide un ángulo recto que tenga por lado a la recta que determinan los puntos de apoyo de la estaca y la madera. Después toma otra punto de interesa lo que está sobre el otro lado del ángulo a 100 metros del primero. Por último mide el ángulo que tiene por vértice este último punto y cuyos lados pasan por la estaca del cerco y la madera. Si el agrimensor sabe que este último ángulo tiene una amplitud de 35°, ¿cómo puede hacer para calcular el ancho del terreno?

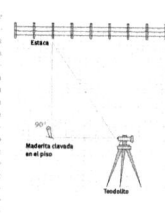

Problema II

Una torre de alta tensión está sujeta al piso con un cable que tiene un extremo fijo al suelo. La longitud del cable es de 13 m. La distancia entre el pie de la torre y el punto donde se sujeta el cable al piso es de 8 m.

a. ¿Cuál es la medida del ángulo que queda formado entre el suelo y el cable?

b. ¿Cuál es la altura de la torre?

1. Calculen la amplitud del ángulo α.

2. Desde lo alto de un faro, el cuidador observa un barco que se detuvo en altamar. El ángulo que forma la visual hacia el barco con el horizonte es de 2°. Si el faro tiene 50 m de alto, ¿a qué distancia se encuentra el barco?

1. ¿Cuál es el perímetro y el área de un triángulo isósceles cuyos ángulos congruentes miden 50°, y el lado distinto, 12 cm?

5. Los lados de un rombo miden 8 cm, y la diagonal mayor, 5 cm. ¿Cuál es la amplitud de sus ángulos?

6. Un cateto de un triángulo rectángulo mide la cuarta parte que la hipotenusa. ¿Cuánto miden los ángulos del triángulo?

6. María está mirando por la ventana cómo llega su hijo de la escuela. Cuando está parado en el cordón de la vereda de enfrente, lo ve con un ángulo de 40°. Cuando llega al cordón de la vereda de su casa, lo ve con un ángulo de 28°. Si el ancho de la calle es de 15 m, ¿a qué altura está la ventana?

7. Calculen el área y el perímetro del paralelogramo ABCD, sabiendo que $\hat{D} = 37°$, $\overline{AC} = 25$ cm y $\overline{AP} = 18$ cm.

8. En una fábrica necesitan construir una cinta transportadora para llevar la mercadería desde el depósito, en el subsuelo, hasta el salón de ventas, que está en la planta baja. La distancia vertical entre los dos salones es de 2,60 m. Si el ángulo de inclinación de la cinta será de 24°, ¿qué longitud aproximada deberá tener la cinta?

9. Calculen el área y el perímetro del triángulo rectángulo ABC:

$\overline{CH}$ es la altura correspondiente a $\overline{AB}$,
$\overline{GO}$ // $\overline{BA}$, $\overline{GO}$ = 34 cm, $\overline{BH}$ = 50 cm,
$A\hat{C}B$ = 39° y $B\hat{A}C$ = 54°.

10. Encuentren el valor de la medida del segmento $\overline{CD}$, sabiendo que $\overline{AB}$ = 8,5 cm; $A\hat{C}B$ = 43° y $A\hat{D}C$ = 34°.

11. Encuentren los valores de las medidas de los segmentos $\overline{BD}$ y $\overline{DE}$, sabiendo que $A\hat{C}B$ = 23°; $\overline{AB}$ = 25 cm; $B\hat{D}A$ = 52° y $C\hat{E}D$ = 90°.

12. Calculen los ángulos interiores de un triángulo rectángulo ABC si $\hat{A}$ es el ángulo recto y $\overline{AB}$ es el doble que $\overline{BC}$.

13. Un gato está parado en el extremo más alto de un árbol, a 5 m del suelo. De pronto ve, con un ángulo de 15° respecto de la vertical, a un ratoncito comiendo queso. ¿A qué distancia de la base del árbol se encuentra el ratoncito?

Problema III

a. Usá las relaciones entre los lados, la altura y los ángulos de un triángulo equilátero y calculá exactamente el valor del seno, el coseno y la tangente de un ángulo de ...

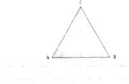

b. Usá las relaciones entre los lados y los ángulos de un triángulo rectángulo isósceles y calculá exactamente el seno, el coseno y la tangente de un ángulo de ...

Problema IV

Como podemos analizar hasta ahora, las relaciones trigonométricas fueron definidas para los ángulos de triángulos rectángulos. Estas relaciones definidas son para ángulos agudos.

a. En esta figura podemos ver un sistema de ejes cartesianos y una circunferencia de radio 1. Allí se marcó un ángulo agudo α.

i. Marcá un triángulo rectángulo con α como ángulo y cuya hipotenusa sea el radio de la circunferencia.

ii. Expliquen cómo calcularían el seno, coseno y la tangente α conociendo las coordenadas (x, y) del punto P, denominando estos factores catetos y el lado del ángulo α.

b. Marquen en la circunferencia un ángulo obtuso β.

¿Cómo pueden definir seno, coseno y tangente de β para que las relaciones que encontraron en a, ii, sean las mismas?

14. Sabiendo que sen 30° = 0,5 y cos 30° = 0,866, resuelvan sin calculadora.

a. tg 30° =

b. sen 60° =

c. cos 60° =

d. sen 150° =

e. cos 150° =

f. sen 120° =

15. Usen los valores de sen 45° y cos de 45°, para calcular estos sin calculadora.

a. tg 45° =

b. sen 135° =

c. cos 135° =

d. tg 135° =

Teorema del seno

Problema V

Un helicóptero viaja de una ciudad hacia otra, distantes entre sí a 40 km. En un determinado momento, los ángulos que forman las visuales, desde el helicóptero, hacia las ciudades con la horizontal son de 16° y 20°, respectivamente.

a. ¿A qué altura está el helicóptero?

b. ¿Qué distancia hay en ese momento entre el helicóptero y cada una de las ciudades?

16. Calculen la longitud de los lados señalados con letras en estas figuras. Todas las medidas están en cm.

17. Calculen la amplitud de los ángulos señalados con letras.

18. Calculen la distancia entre los dos cerros conociendo los datos de las mediciones de este esquema.

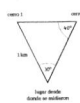

19. ¿Qué longitud deberá tener un túnel para cruzar el río si el ingeniero, parado en una de las orillas, realiza este esquema?

20) Para demostrar el teorema del seno, consideramos solo triángulos acutángulos. ¿Qué sucede con los triángulos obtusángulos? Las relaciones que se establecieron ¿serán válidas para ambos casos? ¿Por qué?

Teorema del coseno

Problema VI

Un agrimensor está haciendo mediciones con un teodolito. Tomó como referencia dos postes que marcan los vértices de un terreno, distantes a x km y W km, respectivamente, del lugar donde él está parado. El ángulo determinado por los ángulos a dichos postes es de 120°. ¿Cuál es la distancia entre los postes?

21) Hallen la longitud de los lados señalados con letras:

22) Observen los datos que señala un radar sobre la posición de dos aviones respecto de la torre de control. ¿A qué distancia están estos aviones entre sí?

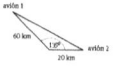

Análisis de relaciones trigonométricas

Usemos el programa GeoGebra para analizar las relaciones trigonométricas de cualquier triángulo rectángulo con un ángulo fijo.

1. Sigan estas instrucciones para construir un triángulo rectángulo con un ángulo de 35°.
a. Dibujen un segmento cualquiera $\overline{AB}$. Anoten los comandos que usan.

b. Tracen una recta perpendicular a $\overline{AB}$ que pase por A. Anoten los comandos que usan.

c. Usen el comando  para trazar un ángulo de 35° con vértice B. Para ello hagan clic en el ícono, luego en A y posteriormente en B. Se les abrirá esta ventana donde deben colocar la medida del ángulo que desean, en este caso 35° y el sentido: horario o antihorario.

d. Tracen la semirrecta que pasa por B y por el punto que marca el programa que pertenece al lado del ángulo, que no es A. En el siguiente ejemplo es A'. Hasta aquí queda:

e. Llamen C al punto de intersección entre la perpendicular y la semirrecta.
f. Tracen los segmentos $\overline{AC}$ y $\overline{CB}$.
g. Oculten la recta perpendicular y la semirrecta.

2. En la parte izquierda de la pantalla aparecen las medidas de los tres segmentos y el nombre que les dio el programa. En este caso al segmento $\overline{AB}$ lo llamó a.

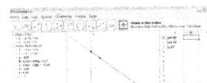

a. Renombren e al segmento $\overline{AC}$ y f al segmento $\overline{CB}$.
b. Hagan clic en VISTA y marquen Vista de Hoja de cálculo.
c. En A1 escriban sen 35°, en A2 cos de 35° y en a3 tg 35°.

d. En B1 escriban e/f, en B2 a/f y en B3 e/a. ¿Qué número aparece en cada celda?

3. Muevan el punto A o B.
a. ¿Qué cambia en la figura? ¿Qué se mantiene igual?
b. Observen los valores de los cocientes. ¿Cambian o se mantienen?

Razones trigonométricas

Para comenzar

Una de las tareas más importantes de los agrimensores consiste en determinar los límites exactos de terrenos. En el lugar toman la información que precisan y después, en sus oficinas, hacen todos los dibujos y cálculos que consideran necesarios.

Las distancias que tienen que medir son muy grandes, tanto en el campo como en la ciudad, por lo cual la cinta métrica no es una herramienta eficaz. El instrumento que resulta útil para tomar longitudes muy grandes es el teodolito. Este aparato se utiliza para medir ángulos entre objetos y ángulos de elevación. Veamos cómo se pueden calcular longitudes a partir de las amplitudes de los ángulos medidos.

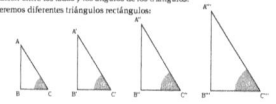

El teodolito es un instrumento utilizado tanto por los agrimensores como por los topógrafos. En la actualidad, hay artefactos que se conectan a computadoras, que realizan los cálculos trigonométricos e informan, además del ángulo, la distancia que se quiere medir.

Problema I

Hagamos una figura de análisis que nos permita interpretar mejor esta situación. Llamemos E al punto de apoyo de la estaca del cerco, M al de la madera, y P al último punto de apoyo del teodolito.

Sabemos que $\overline{MP} = 300$ m y que α = 35°. Para hallar la medida de $\overline{EM}$, necesitamos encontrar una relación entre los lados y los ángulos de los triángulos.
Consideremos diferentes triángulos rectángulos:

Si todos ellos tienen un ángulo agudo respectivamente congruente, entonces tienen los tres ángulos congruentes; por lo tanto, son semejantes. Luego, sus lados son respectivamente proporcionales:

$$\frac{AB}{BC} = \frac{A'B'}{B'C'} = \frac{A''B''}{B''C''} = \frac{A'''B'''}{B'''C'''}$$

$$\frac{AB}{AC} = \frac{A'B'}{A'C'} = \frac{A''B''}{A''C''} = \frac{A'''B'''}{A'''C'''}$$

$$\frac{BC}{AC} = \frac{B'C'}{A'C'} = \frac{B''C''}{A''C''} = \frac{B'''C'''}{A'''C'''}$$

En consecuencia, en cualquier triángulo rectángulo, con ángulo α, se verifican las igualdades anteriores. Por este motivo, se les dio un nombre particular a cada una de ellas:

Llamamos:

$$\text{seno de } \hat{\alpha} = \text{sen } \hat{\alpha} = \frac{\overline{AB}}{\overline{AC}}$$

$$\text{coseno de } \hat{\alpha} = \text{cos } \hat{\alpha} = \frac{\overline{BC}}{\overline{AC}}$$

$$\text{tangente de } \hat{\alpha} = \text{tg } \hat{\alpha} = \frac{\overline{AB}}{\overline{BC}}$$

Como $\overline{AB}$ es el cateto opuesto al ángulo α, $\overline{BC}$ es el cateto adyacente y $\overline{AC}$ es su hipotenusa, en general se define:

Sea α un ángulo agudo de un triángulo rectángulo:

$$\text{seno de } \hat{\alpha} = \text{sen } \hat{\alpha} = \frac{\text{cateto opuesto}}{\text{hipotenusa}}$$

$$\text{coseno de } \hat{\alpha} = \text{cos } \hat{\alpha} = \frac{\text{cateto adyacente}}{\text{hipotenusa}}$$

$$\text{tangente de } \hat{\alpha} = \text{tg } \hat{\alpha} = \frac{\text{cateto opuesto}}{\text{cateto adyacente}}$$

Dado un triángulo rectángulo ABC hemos definido las relaciones trigonométricas correspondientes al ángulo α. Si establecemos las relaciones que corresponden a β:

$$\text{sen } \hat{\beta} = \frac{\overline{BC}}{\overline{AC}} \qquad \cos \hat{\beta} = \frac{\overline{AB}}{\overline{AC}} \qquad \text{tg } \hat{\beta} = \frac{\overline{AC}}{\overline{AB}}$$

Vemos que:

$$\text{sen } \hat{\alpha} = \cos \hat{\beta} \qquad \cos \hat{\alpha} = \text{sen } \hat{\beta} \qquad \text{tg } \hat{\alpha} = \frac{1}{\text{tg } \hat{\beta}}$$

Como $\alpha + \beta = 90° \Rightarrow \alpha = 90° - \beta$, por lo tanto:

$$\text{sen } \alpha = \cos (90° - \alpha) \qquad \cos \alpha = \text{sen } (90° - \alpha) \qquad \text{tg } \alpha = \frac{1}{\text{tg } (90° - \alpha)}$$

Uso de la calculadora

La calculadora científica nos da automáticamente los valores de las razones trigonométricas. Para ello, en primer lugar, tenemos que
verificar que esté tomando los valores de los
ángulos en el sistema sexagesimal: en el visor
debe decir sobre el borde DEG o D (según la
calculadora).

En algunas calculadoras, se debe presionar la tecla [sin] , [cos] , [tan] , según se desee averiguar
el seno, coseno o tangente, y luego el valor del ángulo. En otras, se debe apretar primero el
valor del ángulo y luego la tecla vinculada a la razón que se quiere averiguar.

Si se trata de un ángulo cuya amplitud incluye grados, minutos y segundos, muchas calculadoras tienen una tecla [° ' '] que nos permite introducir este tipo de amplitudes. Por ejemplo,
para un ángulo de 36° 25' 37" se debe introducir 36 [° ' '] 25 [° ' '] 37 [° ' ']. De esta manera,
queda en el visor 36,426666, que es la forma decimal de la amplitud del ángulo. Si se aprieta
[SHIFT] , [2nd] o [INV] (según la calculadora) y la tecla anterior, aparecerá en el visor 36° 25' 37" que
significa 36° 25' 37".

Volvamos al problema del agrimensor, como $\overline{MP}$ = 300 m, y $\hat{\alpha}$ = 35°, respecto de α tenemos el
valor del cateto adyacente y queremos calcular el valor del opuesto. Podemos usar la tangente de α:

$$\text{tg}\,\hat{\alpha} = \frac{\overline{EM}}{\overline{PM}} \Rightarrow \text{tg}\,35° = \frac{\overline{EM}}{300} \Rightarrow EM \approx 0,700020 \cdot 300 \approx 210\ m$$

Entonces, el terreno mide, aproximadamente, 210 m de ancho.

Problema II

Para interpretar mejor el problema, coloquemos los datos que se dan en el enunciado en un
esquema. Llamemos P al punto en el cual el cable está fijo al piso, Q al extremo superior de la
torre y R al pie de esta:

Tenemos que calcular la longitud del segmento $\overline{QR}$ y el ángulo α.
Como conocemos la longitud de la hipotenusa y el cateto adyacente
al ángulo α, podemos usar el coseno del ángulo.

$$\cos \alpha = \frac{8}{13}$$

La pregunta que surge es ¿cómo hacer para calcular el ángulo si conocemos su coseno? ¿Es
posible usar la calculadora en ese caso?

Para hacerlo podemos usar la segunda función de la calculadora.

Como sabemos que $\cos \alpha = \frac{8}{13}$, en la calculadora oprimimos:

$$\boxed{\text{SHIFT}}\ \boxed{\cos}\ \boxed{(}\ \boxed{8}\ \boxed{÷}\ \boxed{1}\ \boxed{3}\ \boxed{)}\ \boxed{=}$$

Así obtenemos $\hat{\alpha} \approx 52,02° \approx 52° 1' 12"$

Como no todas las calculadoras son iguales, para usar las segundas funciones, que son las que están anotadas sobre las teclas, hay que oprimir primero $\boxed{\text{shift}}$, $\boxed{2^{nd}}$ o $\boxed{\text{inv}}$.

Para calcular la altura de la torre podemos usar el teorema de Pitágoras.

$$13^2 = 8^2 + \overline{QR}^2 \Rightarrow \overline{QR} \approx 10,25 \text{ m}$$

Problema III

a. Calculemos los valores del seno y el coseno para los ángulos de 30° y 60°.

Consideremos un triángulo equilátero cualquiera:

El triángulo ACP es rectángulo porque h es la altura del triángulo ABC. Entonces, usando el Teorema de Pitágoras obtenemos:

$$\overline{AC}^2 = \overline{CP}^2 + \overline{AP}^2$$

$$a^2 = h^2 + \left(\frac{a}{2}\right)^2 \Rightarrow a^2 - \frac{a^2}{4} = h^2 \Rightarrow$$

$$3\frac{a^2}{4} = h^2 \Rightarrow \frac{\sqrt{3}}{2}a = h.$$

$$\text{sen } 30° = \frac{\frac{a}{2}}{a} = \frac{1}{2} \qquad \cos 30° = \frac{h}{a} = \frac{\frac{\sqrt{3}}{2}a}{a} = \frac{\sqrt{3}}{2} \qquad \text{tg } 30° = \frac{\frac{a}{2}}{h} = \frac{\frac{a}{2}}{\frac{\sqrt{3}}{2}a} = \frac{1}{\sqrt{3}} = \frac{\sqrt{3}}{3}$$

$$\text{sen } 60° = \frac{h}{a} = \frac{\frac{\sqrt{3}}{2}a}{a} = \frac{\sqrt{3}}{2} \qquad \cos 60° = \frac{\frac{a}{2}}{a} = \frac{1}{2} \qquad \text{tg } 60° = \frac{h}{\frac{a}{2}} = \frac{\frac{\sqrt{3}}{2}a}{\frac{a}{2}} = \sqrt{3}$$

b. Calculemos las relaciones trigonométricas de un ángulo de 45°. Para ello consideremos el triángulo rectángulo isósceles.

Si usamos el teorema de Pitágoras:

$$\overline{DB}^2 = \overline{AD}^2 + \overline{AB}^2 = a^2 + a^2 = 2a^2$$

Por lo tanto $\overline{DB} = \sqrt{2}\,a$

Como el lado opuesto y el lado adyacente al ángulo de 45° son iguales, entonces:

$$\text{sen } 45° = \cos 45° = \frac{a}{\overline{DB}} = \frac{a}{\sqrt{2}a} = \frac{1}{\sqrt{2}} = \frac{\sqrt{2}}{2} \qquad \text{tg } 45° = \frac{a}{a} = 1$$

Si pasamos los valores hallados a una tabla obtenemos:

Generalización de las definiciones de las relaciones trigonométricas

Problema IV

Hasta ahora trabajamos siempre con ángulos agudos. Extenderemos la definición de las relaciones trigonométricas a cualquier ángulo.

a. 1. Para trazar un triángulo rectángulo basta con dibujar un segmento perpendicular al eje x que pase por E.

Como el triángulo es rectángulo, podemos definir las razones trigonométricas como:

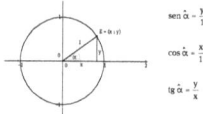

$$\text{sen } \hat{\alpha} = \frac{y}{1} = y$$

$$\cos \hat{\alpha} = \frac{x}{1} = x$$

$$\text{tg } \hat{\alpha} = \frac{y}{x}$$

b. Si el ángulo es obtuso, el triángulo queda en el segundo cuadrante. Para que la definición de las relaciones trigonométricas coincida tomamos:

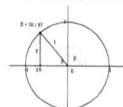

$$\text{sen } \beta = \frac{y}{1} = y$$

$$\cos \beta = \frac{x}{1} = x$$

$$\text{tg } \beta = \frac{y}{x}$$

Observen como como el valor de x es negativo, el coseno y la tangente de β serán números negativos.

Por lo tanto quedan definidas también las relaciones trigonométricas cuando el ángulo es obtuso. En cualquiera de los triángulos anteriores podemos aplicar el Teorema de Pitágoras:

$$1^2 = x^2 + y^2 = (\text{sen } \hat{\alpha})^2 + (\cos \hat{\alpha})^2 = \text{sen}^2 \hat{\alpha} + \cos^2 \hat{\alpha}$$

Relación pitagórica $\text{sen}^2 \hat{\alpha} + \cos^2 \hat{\alpha} = 1$

Teorema del seno

Problema V

Si observamos el esquema, podemos ver, en este caso, que queda un triángulo que no es rectángulo. ¿Cómo hacemos entonces para poder relacionar el lado que conocemos con los ángulos? Llamemos H al punto que representa al helicóptero, A y B a los puntos que representan a las dos ciudades. Tracemos la altura correspondiente al segmento y llamemos P al punto de intersección entre la altura y el segmento.

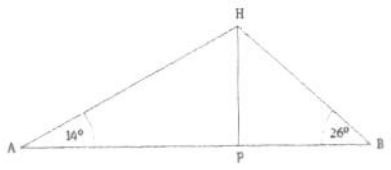

La altura divide al triángulo en dos triángulos rectángulos porque corta al lado correspondiente en forma perpendicular.

En el $\overset{\Delta}{APH}$, rectángulo en P : $\text{tg } 14° = \dfrac{\overline{HP}}{\overline{AP}} \Rightarrow \overline{HP} = \text{tg } 14° \cdot AP$ (1)

En el $\overset{\Delta}{BPH}$, rectángulo en P : $\text{tg } 26° = \dfrac{\overline{HP}}{\overline{BP}} \Rightarrow \overline{HP} = \text{tg } 26° \cdot BP$ (2)

Como la distancia entre las ciudades es de 40 km, $\overline{AB} = 40$ km entonces $\overline{AP} + \overline{BP} = 40 \Rightarrow$ $\overline{AP} = 40 - \overline{BP}$. Si reemplazamos en (1) tenemos $\overline{HP} = \text{tg } 14° \cdot (40 - \overline{BP})$ e igualamos con (2) $\text{tg } 26° \cdot \overline{BP} = \text{tg } 14° \cdot (40 - \overline{BP})$

Aplicamos la propiedad distributiva, reemplazamos tg 14° y tg 26° por sus valores aproximados y despejamos:

$0{,}44773 \, . \, \overline{BP} = 0{,}24932 \cdot (40 - \overline{BP}) \quad \Rightarrow \quad \overline{BP} = \dfrac{10}{0{,}74} \approx 13{,}5$ km

Por lo tanto, $\overline{HP} = 6{,}6$ km aproximadamente.

Una vez que calculamos la altura, podemos calcular la distancia del helicóptero a cada una de las ciudades, aplicando el Teorema de Pitágoras.

$\overline{HB} = \sqrt{6{,}6^2 + 13{,}5^2} = 15{,}03$ km $\qquad \overline{HA} = \sqrt{6{,}6^2 + 26{,}5^2} = 27{,}3$ km

Es decir que la distancia del helicóptero a la ciudad B es de 15,03 km y a la A, de 27,3 km, aproximadamente.

Vimos que es posible calcular los lados de un triángulo acutángulo cualquiera conociendo sus ángulos. Hallamos la altura del triángulo y la distancia del pie de esta a cada vértice (a través de un sistema de ecuaciones), y con estos datos aplicamos el Teorema de Pitágoras. Generalicemos estos procedimientos.

Dado un triángulo acutángulo, queremos buscar una relación entre sus lados y sus ángulos. Realicemos un esquema, trazando una altura h, correspondiente al lado c.

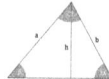

Esta altura divide al triángulo en dos triángulos rectángulos, por lo tanto:

$$\text{sen }\hat{\alpha} = \frac{h}{b} \to h = \text{sen }\hat{\alpha} \cdot b \qquad\qquad \text{sen }\hat{\beta} = \frac{h}{a} \to h = \text{sen }\hat{\beta} \cdot a$$

Igualando las dos expresiones de h obtenemos: $b \cdot \text{sen }\alpha = a \cdot \text{sen }\beta$

Si dividimos ambos miembros por $a \cdot b \Rightarrow \dfrac{\text{sen }\hat{\alpha}}{a} = \dfrac{\textbf{sen }\hat{\beta}}{b}$

Si repetimos el procedimiento pero trazando la altura correspondiente al lado b, análogamente obtenemos que $\qquad\qquad \dfrac{\text{sen }\hat{\gamma}}{c} = \dfrac{\textbf{sen }\hat{\beta}}{b}$

Entonces, hemos demostrado que:

Dado un triángulo cualquiera con ángulos α, β, γ y lados a, b, c, respectivamente opuestos a dichos ángulos, se verifica que:

$$\frac{\text{sen }\hat{\alpha}}{a} = \frac{\text{sen }\hat{\beta}}{b} = \frac{\text{sen }\hat{\gamma}}{c}$$

Teorema del coseno

Problema VI

Para interpretar mejor los datos del problema, hagamos un esquema:

Sabemos que $\overline{AP} = 5$ km y que $\overline{AQ} = 8$ km. Si trazamos la altura, $\overline{PM}$; correspondiente al lado $\overline{AQ}$:

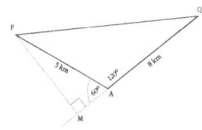

En el triángulo $M\hat{A}P$ calculamos:

$$\operatorname{sen} 60° = \frac{\overline{MP}}{5} \approx 0{,}86603 \Rightarrow \overline{MP} \approx 5 \cdot 0{,}86603 \approx 4{,}33$$

$$\cos 60° = \frac{\overline{MA}}{7} = 0{,}5 \Rightarrow \overline{MA} = 5 \cdot 0{,}5 = 2{,}5$$

Si aplicamos el Teorema de Pitágoras en el triángulo PMQ, donde

$$\overline{MQ} = \overline{MA} + \overline{AQ} = 2{,}5 + 8 = 10{,}5;$$

$$\overline{PQ}^{2} = 10{,}5^{2} + 4{,}33^{2} = 129 \Rightarrow \overline{PQ} = \sqrt{129} \approx 11{,}36$$

Por lo tanto, la distancia entre los postes es de 11,36 km, aproximadamente.
En este caso, teníamos dos lados del triángulo y el ángulo comprendido entre ambos, y pudimos hallar el lado faltante. Generalicemos esta situación.

Consideremos un triángulo cualquiera ABC

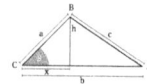

$$\text{sen } \beta = \frac{h}{a} \qquad \cos \beta = \frac{x}{a}$$

$$h = \text{sen } \beta \cdot a \qquad x = \cos \beta \cdot a$$

(1) (2)

Aplicando el Teorema de Pitágoras en el triángulo rectángulo de la derecha:
$$c^2 = h^2 + (b - x)^2$$

Reemplazamos (1) y (2)
$$c^2 = (\text{sen } \beta \cdot a)^2 + (b - \cos \beta \cdot a)^2$$
$$c^2 = \text{sen}^2 \beta \cdot a^2 + b^2 - 2 \cos \beta \cdot a \cdot b + \cos^2 \beta \cdot a^2$$

Sacamos factor común:
$$c^2 = a^2 \underbrace{(\text{sen}^2 \beta + \cos^2 \beta)}_{1} + b^2 - 2 \cos \beta \cdot a \cdot b = a^2 + b^2 - 2 \cos \beta \cdot a \cdot b$$

Dado un triángulo cualquiera con ángulos α, β, γ y lados a, b, c, respectivamente opuestos a dichos ángulos, se verifica que:

$$c^2 = a^2 + b^2 - 2 \cos \gamma \cdot a \cdot b$$
$$a^2 = c^2 + b^2 - 2 \cos \alpha \cdot c \cdot b$$
$$b^2 = a^2 + c^2 - 2 \cos \beta \cdot a \cdot c$$

Algunos historiadores sostienen que el inventor de la trigonometría fue Hiparco de Rhodas, matemático y astrónomo griego que vivió entre los años 190 a. C. y 120 a. C.
Hiparco construyó una tabla de cuerdas cuyo propósito era proporcionar un método para resolver triángulos. También introdujo en Grecia la división de un círculo en 360°. Lamentablemente, la mayoría de sus trabajos se han perdido.

1. Encuentren el perímetro de los triángulos ADB y ABC.

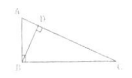

AB = 10 cm
ACB = 23°

2. Juan observa un árbol que está en la orilla opuesta de un río, mide el ángulo que forma su visual con el punto más alto del árbol y obtiene 35°. Pedro, que está 10 m más lejos de la orilla que Juan, mide un ángulo de 55°. ¿Qué altura tiene el árbol?

3. Las hojas de una escalera están unidas por una cadena que tiene 1,5 m de longitud ubicada en la mitad; cuando la escalera está totalmente abierta, sus hojas forman con el piso ángulos de 55° 58'. ¿Cuál es la altura que alcanza la escalera? ¿Cuál es el alto de cada una de las hojas de la escalera?

4. Sabiendo que sen 50° = 0,766 y cos 50° = 0,6428, calculen, sin calculadora, estos valores.

a. sen 130° =

b. cos 40° =

c. cos 140° =

d. tg 140° =

e. cos 130° =

f. sen 140° =

5. El ángulo â verifica que 90° < â < 180°. Indiquen cuál de estos pares de números pueden corresponder al seno y la tangente de â. Justifiquen la respuesta.

a. $-\dfrac{1}{2}$; $\dfrac{\sqrt{3}}{3}$
b. $\dfrac{1}{2}$; $\dfrac{\sqrt{3}}{3}$
c. $-\dfrac{1}{2}$; $\dfrac{\sqrt{3}}{3}$
d. $\dfrac{1}{2}$; $\dfrac{\sqrt{3}}{3}$

6. Se desea construir un túnel para que una autopista pase debajo de una montaña. Con un teodolito se tomaron las medidas que se ven en el siguiente esquema:

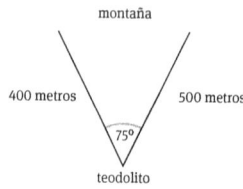

montaña

400 metros   500 metros

75°

teodolito

Calculen el ancho que deberá tener el túnel.

7. Una torre de alta tensión está sujeta al piso, a ambos lados, por medio de dos cables fuertes que están unidos a la parte superior de la torre y al piso. Se sabe que los dos puntos donde están sujetos al piso los cables están a 30 m y a 36 m de distancia del pie de la torre, respectivamente, y que los ángulos que forman dichos cables con la horizontal son de 68° y 54°, respectivamente. Calculen la longitud de los cables y la altura de la torre.

8. Claudio observa un árbol desde la orilla opuesta de un río, mide el ángulo que forma su visual con el punto más alto del árbol y obtiene 43°; retrocede 10 m y mide un nuevo ángulo, obteniendo un resultado de 35°. ¿Qué altura tiene el árbol?

9. Desde un acantilado se ve un barco. El ángulo que forman la visual y la vertical es de 37°. Cuando el barco se aleja 200 m más, desde el acantilado, se ve con un ángulo de 52°. ¿Cuál es la altura del acantilado y a qué distancia del acantilado se encontraba el barco originalmente?

8

Funciones y ecuaciones polinómicas

Muchas veces los científicos buscan expresiones matemáticas que les permitan vincular las variables que están estudiando y, de esta manera, encontrar resultados sin necesidad de realizar la experiencia. Por ejemplo, el volumen de un cubo se representa como $V(x) = x^3$. Las funciones polinómicas son una buena herramienta para encontrar ese tipo de expresiones utilizando solo las operaciones matemáticas básicas: suma y multiplicación, lo cual facilita la operatoria.

Función polinómica

Problema I

Una empresa necesita envasar un producto en recipientes de lata cilíndricos, de manera tal que el diámetro de la base sea la mitad de la altura.

a. ¿Con qué dimensiones construyen la lata si esta debe tener una capacidad de 350 cm³?

b. Encuentren una fórmula que les permita calcular el volumen de la lata en función de la altura.

Problema II

En el club del barrio quieren instalar una pileta de natación rectangular. El arquitecto dijo que para que el diseño sea armonioso, la pileta debe tener el doble de largo que de ancho, y los entendidos opinan que la profundidad debe ser la mitad del ancho. Para hacer un presupuesto, averiguan que el material para las paredes y el piso cuesta $75 el m², la soldadura para las juntas, $40 el m, la excavación y colocación, $50 el m³ y el traslado de materiales, $100.

a. ¿Cuánto costará una pileta de 5 m de ancho?

b. Si la comisión directiva dispone de $10000, ¿puede construir una pileta de 8 m de largo?

c. ¿Cuáles son las dimensiones de la pileta más grande que se puede construir con $5785?

Un edificio necesita un tanque de agua en forma de prisma de base cuadrada, como indica la figura, y cuya altura exceda en 10 cm a la cuarta parte del lado de la base.

a. ¿Qué volumen tendrá un tanque que tenga 1 m de ancho?

b. ¿Qué volumen tendrá el tanque si tiene 1 m de altura?

c. Encuentren una función que permita calcular el volumen del tanque en función del lado de su base.

3. Tenemos un diario gigante abierto. Encuentren una función que permita calcular el grosor que se obtiene al doblarlo 4 veces en función del grosor del diario abierto.

4. Determinen cuáles de estas expresiones son polinomios y cuáles no. En este último caso, expliquen por qué. En caso de que sí lo sean, determinen el grado, el coeficiente principal y el término independiente.

a. $Q(x) = 9x + 8x^2 - 2$

b. $R(x) = 0$

c. $T(x) = -x + \dfrac{3}{x}$

d. $Z(x) = 3$

e. $W(x) = 8x^4 - 3 - 8x + \dfrac{1}{2}x^2 - 2$

f. $K(x) = -x^5 - 3x - 8x^{\frac{1}{2}}$

g. $M(x) = \sqrt{x}$

5. Las funciones halladas en los problemas I y II, ¿son polinomios? ¿Por qué? ¿Cuál es el grado y cuáles son los coeficientes?

Operaciones con polinomios

Problema III

En una empresa, se conoce la función precio unitario $P(x)$ y la función costo $C(x)$ en la producción y venta de x cubos de unidades de determinado artículo. Estas funciones están dadas por las siguientes fórmulas: $P(x) = -0,5x + 12(x) = 6 + 1,4x$.

a. Se llama **ingreso** al producto de la cantidad de artículos vendidos por el precio unitario de los mismos. Escriban la fórmula de la función ingreso $I(x)$.

b. Se llama **ganancia** a la diferencia entre el ingreso y el costo de los productos. ¿Cuál es la fórmula correspondiente a la función ganancia $G(x)$ para este artículo?

6. Dados los polinomios $P(x)$ y $Q(x)$, realicen las operaciones indicadas.

$$P(x) = -5x^6 + 6x^7 - \frac{1}{4}x^5 + 8x^3 - 9x^2 + x - 3 \qquad Q(x) = 5x^8 + 2x^7 - 6x^5 + x^4 - 7x^3 + 12x^2 - 4x + 11$$

a. $P(x) + Q(x) =$

b. $2P(x) - 9Q(x) =$

1. Dadas las funciones polinómicas $P(x) = 7x^3 - 6x^4 + 8x^2 + 2$ y $Q(x) = -6x^3 + 3x - 1$, encuentren:

a. $P(-5)$

b. $Q(-1)$

c. $S(x) = P(x) - 8Q(x)$

d. $R(x) = P(x) \cdot Q(x) + S(x)$

2. Determinen los valores de los números reales a y b, tales que $P(x) + Q(x) = R(x)$, siendo:

a. $P(x) = 2x^3 - 3x^2 + 6x - 1$; $Q(x) = ax^3 - bx^2 + (a + b)x - 2$; $R(x) = 4x^3 - 5x^2 + 5x - 3$

b. $P(x) = -\frac{1}{2}x^4 + 3x^2 + \frac{2}{5}x + 1$; $Q(x) = ax^3 - (a + b)x^2 + bx - 2$; $R(x) = -\frac{1}{2}x^4 + 4x^3 + x^2 + \frac{17}{5}x - 1$

3. Dadas las funciones polinómicas: $P(x) = -5x^4 + 4x^3 + 3x^2 - 3x + 5$; $Q(x) = 5x^4 + x^3 - 2x^2 + 5$ y $R(x) = 10x^4 - 3x^3 + x^2 - x + 5$, encuentren las fórmulas de estas funciones polinómicas:

a. $S(x) = P(x) - 2Q(x) + R(x)$

b. $T(x) = 2P(x) - 3Q(x)$

c. $M(x) = [P(x) - Q(x)] \cdot R(x)$

d. $N(x) = [P(x) + R(x)]^2 \cdot Q(x)$

4. Dadas las funciones polinómicas: $P(x) = -2x^4 + 4x^3 - 3x^2 - 2x + 5$, $Q(x) = x^4 - 8x^3 - 2x^2 + 3$ y $R(x) = 2x^4 - 3x^3 + x^2 - 2x + 7$; encuentren las fórmulas de estas funciones polinómicas.

a. $W(x) = 5 \, P(x) \cdot Q(x)$

b. $Z(x) = [Q(x)]^2$

c. $M(x) = R(x) \cdot [P(x) + Q(x)]$

10. Los polinomios A(x), B(x) y C(x) tienen grado 5 y ninguno de ellos es el opuesto al otro. Determinen los posibles grados de:

a. $A(x) + B(x)$

b. $A(x) \cdot B(x) + C(x)$

c. $[A(x) - B(x)] \cdot C(x)$

11. Encuentren, si existen, números reales a y b tales que $P(x) \cdot Q(x) = R(x)$, en cada caso:

a. $P(x) = x + 3; Q(x) = a x^2 + 3x + 1; R(x) = 2x^3 + 9x^2 + bx + 3$

b. $P(x) = (a + 1) x^2 - 3x; Q(x) = x^2 + 1; R(x) = 5 x^3 + 2x^2 - (2 - b) x$

c. $P(x) = a x^2 + 3x; Q(x) = 2x + 3; R(x) = 6 x^3 + 6 x^2 + 8x^2 + 9x$

12. ¿Podemos conocer el grado de un polinomio P(x), sabiendo que:
$[P(x)]^3 = x^6 - 6x^5 + 15x^4 - 20x^3 + 15x^2 - 6x + 1$? ¿Por qué?

13. Encuentren un polinomio P(x) que verifique: $3x^4 - 5x^3 + 3P(x) = 9x^4 - 5x^3 + 2x^2 - 3$.

14. ¿Puede existir un polinomio P(x) que verifique que $[P(x)]^2 = x^3 - 1$? ¿Por qué?

Problema IV

Matías estaba diseñando un programa de computación para construir cajas con forma de prisma recto de base rectangular. Para ello, decidió que las medidas de las aristas de dicho prisma surgieran como funciones de una cierta variable x. Tuvo problemas con la computadora y perdió parte de la información. Sólo recuperó las expresiones del volumen del prisma y de dos aristas. ¿Cómo puede hacer para hallar la expresión de la tercera arista?

$Volumen = V(x) = 80x^3 + 150x^2 + 100x + 21; Arista = A(x) = 2x + 1 y Arista = B(x) = 4x + 3$

15. ¿Es cierto que existe un polinomio $K(x)$ tal que $2x^5 - 3x^4 + \frac{10}{3}x^2 - 5 = K(x)\left(x^2 - \frac{2}{3}\right)$?
Si es cierto, encuentren $K(x)$. Si no es cierto, expliquen por qué.

16. Si $P(x) = 5x^3 - 3x^2 + 3x - 4$, determinen si existe un polinomio $Q(x)$ tal que
$P(x) \cdot Q(x) = 6x^3 - \frac{18}{5}x^2 + \frac{18}{5}x - \frac{24}{5}$.

17. Encuentren, si es posible, un polinomio $Q(x)$ tal que
$5x^3 + 9x^4 - 22x + 18 - Q(x)(x - 4 + 2x^3) = 3x^3 + 3x + 6$.

18. Determinen, si existen, los números reales a y b para que $gr[P(x) + Q(x)] = 2$, siendo:

a. $P(x) = 3x^3 + 8x^2 + \frac{1}{2}$ y $Q(x) = (b + 1)x^4 + (a - 2)x^3 - 2x^2 + 1$

b. $P(x) = (a + 1)x^3 + 2x^2 - 3x + 1$ y $Q(x) = 2x^3 + (a + b)x^2 + (b + 2)x + 4$

19. Encuentren un polinomio $P(x)$ sabiendo que el cociente de dividir $P(x)$ por
$Q(x) = 2x^3 + x^2 + 2x - 5$ es $C(x) = -2x^2 + 5x - 3$ y el resto, $R(x) = 2x - 5$.

20. Encuentren el cociente y el resto de dividir $P(x)$ por $Q(x)$ en cada caso.

a. $P(x) = x^4 - 3x^2 + 1$; $Q(x) = x^2 + 2x$

b. $P(x) = x^4 - 16$; $Q(x) = x^2 - 2$

21. Encuentren, en cada caso, el resto de la división de $P(x)$ por $Q(x)$.

a. $P(x) = 9x^4 - 3x^2 + 4x^2 - 3$; $Q(x) = x + 3$

b. $P(x) = -3x^4 - 8x^2 + 4x - 5$; $Q(x) = x - 5$

21. Hallen, en cada caso, el cociente y el resto de la división de $P(x)$ por $Q(x)$.

a. $P(x) = 8x^3$, $Q(x) = 3x^3$

b. $P(x) = -4x^3 + 9x^2$, $Q(x) = 2x^2$

c. $P(x) = 6x^3$, $Q(x) = 2x^5$

d. $P(x) = 4x^3$, $Q(x) = x + 2$

22. Encuentren, en cada caso, números reales a y b para los cuales el cociente de dividir $P(x)$ por $Q(x)$ sea $C(x)$ y el resto $R(x)$.

a. $P(x) = 6x^2 + ax + b$; $Q(x) = 3x - 2$; $C(x) = 2x - 1$; $R(x) = 0$

b. $P(x) = 2x^4 + ax + (b - 2)$; $Q(x) = 3x^3 + 2$; $C(x) = 2x$; $R(x) = -4x - 3$

23. Sabiendo que el grado de $P(x)$ es 6 y el grado del cociente entre $P(x)$ y $Q(x)$ es 2, ¿cuál es el grado de $Q(x)$?

24. ¿Es posible conocer el grado del polinomio $P(x)$ si se sabe que al dividirlo por $Q(x) = 2x^2 - 2x + 3$ se obtiene un cociente de grado 5? ¿Por qué?

25. Encuentren el resto de dividir $P(x) = 6x^3 - 3x^2 + 2$ por $Q(x) = 3x^2 - x + 2$, si el cociente es $C(x) = 2x^2 - \dfrac{1}{3}$.

26. Encuentren en cada caso el cociente y el resto de dividir $P(x)$ por $Q(x)$.

a. $P(x) = 4x^3 - 3x^2 - 2x - \dfrac{1}{2}$ y $Q(x) = 3x^3 + 2x$

b. $P(x) = x^3 + 3x^2 - 2x + 1$ y $Q(x) = x - 3$

27. Encuentren, en cada caso, el valor del número real m para que el polinomio $P(x)$ sea divisible por $Q(x)$, siendo:

a. $P(x) = x^3 - 9x + m + x^2$ y $Q(x) = x + 1$

b. $P(x) = 3x^3 + x - \frac{1}{2}$ m y $Q(x) = x - 4$

c. $P(x) = mx^4 - (m + 1) x^2 - x + 1$ y $Q(x) = x + 1$

28. Dados $P(x) = -3x^4 + 6x^3 - 3a^2 x + 3$ y $Q(x) = x + 1$, hallen el valor de a para que el resto de dividir $P(x)$ por $Q(x)$ sea 11.

29. El resto de dividir $P(x) = x^4 - 3x^3 - 4x^2 + 6x - 7$ por $Q(x)$ es 4. ¿Puede ser $Q(x) = x - 3$ el divisor?

30. Determinen el valor de a ∈ R para que el polinomio $P(x)$ sea divisible por $Q(x)$, siendo:

a. $P(x) = 36 x^4 - a x^3 - 14 x^2 - x + 1$ y $Q(x) = 6x^2 - x - 1$

b. $P(x) = -10x^5 + 15x^4 + ax^3 + 12x^2 - 11x + 3$ y $Q(x) = 5x^2 + 2x - 3$

31. Calculen el valor de k sabiendo que $Q(x) = x - 5$ divide a $P(x) = k x^3 + x^2 - k$.

32. Encuentren, si existe, en cada caso, un polinomio $M(x)$ que verifique lo pedido.

a. $3x^3 - 6x^2 - 3x + 6 = M(x) \cdot (x^2 - 2x^2 + x - 2)$

b. $x^5 - x^4 - 16x + 16 = M(x) \cdot (-2x^2 + x)$

33. Hallen el valor de k ∈ R para que el cociente de la división de
$P(x) = 3x^{12} - 3x^9 + 9x^6 + x^5 + 9x^4 - x^3 + 3x^2$ por $Q(x) = x^4 - x + 3$ sea $C(x) = (2k - 5) x^8 + x^2 + 9$.

Problema V

En un laboratorio están estudiando una sustancia y deben iniciar un proceso exotérmico cuando la temperatura es de 0°. Comenzaron a medir la temperatura a las 6 a.m. y obtuvieron la fórmula $t(x) = x^3 - 21x^2 + \frac{?x^2}{?} + \frac{?x}{?}$, que indica la temperatura de la sustancia. Horas después del cálculo de la medición. ¿A qué hora iniciarán el proceso colorido?

35. Resuelvan estas ecuaciones y escriban el conjunto solución.

a. $9x^3 - 3 = 0$

b. $(x-3) \cdot (x+5) \cdot (x-1) = 0$

c. $2x^4 - 4x^3 = x^3 + 2x^3$

36. Encuentren las soluciones racionales de estas ecuaciones.

a. $x^3 - x^2 + 2 = 4x - x^3$

b. $x^4 + x^3 = 3x^2 + 4x + 4$

c. $60x^3 - 67x^2 + 21x - 2 = 0$

37. Encuentren la forma factoreada de estos polinomios.

a. $F(x) = -24x^3 - 8x^2 + 6x + 2$

b. $R(x) = 81x^4 - 16$

c. $T(x) = -3x^5 - 2x^4 - 11x^3 - 8x^2 + 4x$

38. Decidan si los polinomios $P(x) = x^n - a^n$ y $Q(x) = x^n + a^n$, son divisibles o no por $x - a$ y por $x + a$.

39. Encuentren los valores de x que verifican estas igualdades.

a. $0 = x^3 - 8$

b. $0 = \left(x^2 - \frac{9}{4}\right)\left(-x^2 - x + 2\right)$

c. $0 = (3x - 2)(4x + 1)(x - 5)$

40. Encuentren la forma factoreada de estos polinomios.

a. $Q(x) = 3x^4 + 2x^3 + 11x^2 + 8x - 4$

b. $F(x) = -2x^3 + 14x^2 - 14x - 30$

c. $B(x) = -x^4 - 6x^3 - 13x^2 - 12x - 4$

d. $P(x) = (x^2 + 4x + 4)(-x^4 + 2x^3 + 3x^2 - 8x + 4)$

e. $M(x) = (x^2 - 4x + 4)(x^4 - 2x^3 - 3x^2 + 8x - 4)$

Encontrar soluciones aproximadas

Muchas veces para encontrar los ceros de una función polinómica, o las soluciones de una ecuación polinómica, ninguno de los métodos anteriores son efectivos. Por ejemplo consideremos la ecuación $2x^3 - 3x^2 = x^2 + 8$.

Si la escribimos de manera equivalente pero igualada a cero obtenemos:

$$2x^3 - 3x^2 - x^2 - 8 = 0$$

Para tantear las posibles soluciones racionales usando el lema de Gauss necesitamos encontrar los divisores del término independiente y los del coeficiente principal.

p = divisores de 8 = ± 1 ± 2 ± 4 ± 8 q = los divisores de 2 = ± 1 ± 2

Las posibles soluciones racionales son: $\pm \frac{1}{2}$ ± 1 ± 2 ± 4 ± 8

1. Sigan estos pasos en una planilla de cálculo como Excel para verificar si alguna de las posibles soluciones es realmente una solución.

a. En la columna A coloquen las posibles raíces.

b. En la celda B1 escriban la cuenta que deben hacer para saber si el número que está en A1 es solución de la ecuación. Escriban =2*A1^3-3*A1^2-A1^2-8. ¿Qué aparece en B1? ¿Por qué?

c. ¿Qué significa ^?

d. Iluminen la celda B1 y párense con el *mouse* en el vértice inferior derecho. Con el botón derecho apretado arrastren el *mouse* hasta la celda B10.

e. ¿Qué representa el número que aparece en B2?

f. ¿Qué pueden decir respecto a las soluciones racionales de la ecuación $2x^3 - 3x^2 - x^2 - 8 = 0$?

2. Sigan estos pasos en una planilla de cálculo como Excel para verificar si es posible que la ecuación no tenga soluciones reales.

a. Escriban en la columna A los números 1, 1; 1, 2; 1, 3... 1, 9. En la columna B debe aparecer el resultado de la especialización de $2x^3 - 3x^2 - x^2 - 8$ para esos valores. Anoten a continuación los pasos que siguen en la computadora.

b. ¿Es cierto que la ecuación tiene una solución mayor que 1,5 y menor que 1,6? ¿Cómo pueden estar seguros sin hacer más cuentas?

c. ¿Cómo pueden hacer con la computadora para saber cuál será la cifra que ocupe el lugar de los centésimos en la solución de la ecuación? Háganlo en la computadora y escriban a continuación cuál será esa cifra.

3. Encuentren en la computadora una solución aproximada de la ecuación $3x^3 - 8x^2 + 3x = 2x^3 + 9$. Consideren cometer un error menor que 0,001.

Función polinómica

Problema I

En primer lugar, debemos pensar en encontrar una relación entre las dimensiones de las latas y su volumen. Sabemos que el volumen de un cilindro se calcula con la fórmula $V = \pi\, r^2 h$, en la que r es el radio de la base del cilindro y h su altura; luego, $350 = \pi\, r^2 h$. Pero

$$r = \frac{1}{2} \cdot d = \frac{1}{2}\left(\frac{1}{2}h\right) = \frac{1}{4}h; \qquad \text{luego,} \quad 350 = \pi\left(\frac{h}{4}\right)^2 \cdot h = \frac{\pi}{16}h^3$$

Entonces $h = \sqrt[3]{\dfrac{350 \cdot 16}{\pi}} = \sqrt[3]{\dfrac{5600}{\pi}}$.

Con lo cual, si la lata tiene 350 cm³ debe tener una altura $h = \sqrt[3]{\dfrac{5600}{\pi}}$ y un radio $r = \dfrac{1}{4}\sqrt[3]{\dfrac{5600}{\pi}}$.

La fórmula que nos permite calcular el volumen de la lata en función de la altura es, entonces, $V(h) = \dfrac{\pi}{16}h^3$.

Problema II

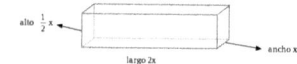

alto $\frac{1}{2}x$ ancho x   largo 2x

Si la pileta del Club tiene 5 m de ancho, debe tener 10 m de largo y 2,5 m de altura, entonces:

Cantidad de material para el piso	$5 \cdot 10$ m² = 50 m²
Cantidad de material para dos paredes laterales	$2 \cdot (5 \cdot 2,5)$ m² = 25 m² = 25 m²
Cantidad de material para las otras dos paredes laterales	$2 \cdot (10 \cdot 2,5)$ m² = 50 m² = 50 m²
Cantidad total de material necesario	50 m² + 25 m² + 50 m² = 125 m²

El costo del material es entonces: $75 \cdot 125 = \$9375$.
Tenemos en total 8 juntas: 4 de 2,5 m; 2 de 10 m y 2 de 5 m, o sea que necesitamos
$(4 \cdot 2,5 + 2 \cdot 10 + 2 \cdot 5)$ m = 40 m de soldadura, luego, el costo de la soldadura será: $40 \cdot 40 = \$1600$.
Para saber el costo de colocación, necesitamos conocer los metros cúbicos que se van a cavar.

El volumen de la obra es	$5 \cdot 10 \cdot 2,5$ m³ = 125 m³
El costo de excavación y colocación será	$125 \cdot 50 = \$6250$
El costo del traslado será	$\$100$
El costo total de la pileta será	$\$9375 + \$1600 + \$6250 + \$100 = \$17325$

Si la pileta debe tener 8 m de largo, entonces tendrá 4 m de ancho y 2 m de alto, por lo tanto:

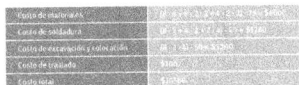

Por lo tanto $10000 no son suficientes para su construcción.

Para poder saber cuáles son las dimensiones de la pileta que se puede construir con $5785, tenemos que encontrar una fórmula que permita calcular el costo de la pileta en función de su ancho. Llamemos, entonces, x al ancho de la pileta; luego, el largo es $2x$ y la profundidad es $\frac{1}{2}x$.

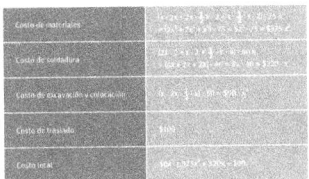

Por lo tanto, tenemos que resolver la ecuación:

$$50x^3 + 375x^2 + 320x + 100 = 5785$$

Como vemos, esta ecuación es distinta de las conocidas hasta el momento, porque tiene un término con x^3. Dado que no podemos despejar x, ni tampoco conocemos alguna fórmula que la resuelva, analicemos qué se puede hacer.

Para ello, debemos definir previamente varios conceptos.

Un **polinomio**, o **función polinómica**, es una expresión de la forma:

$$P(x) = a_n x^n + a_{n-1} x^{n-1} + \dots + a_1 x + a_0$$

donde los $a_0, \dots, a_n$ son números reales, n es un número natural o cero y todas las potencias a las que aparece elevado x son números naturales o cero.

$a_0, \dots, a_n$ se llaman **coeficientes** del polinomio
a_n se llama **coeficiente principal** y $a_n \neq 0$
a_0 se llama **término independiente**
n se llama **grado del polinomio**
Si $a_n = 1$, dicho polinomio se llama **mónico**.
El polinomio cuyos coeficientes son todos cero se llama **polinomio nulo**, se escribe $N(x)$ y no tiene grado ya que todos sus coeficientes son 0.

Por ejemplo: $P(h) = \frac{\pi}{16} h^3$ es un polinomio de grado 3; el coeficiente principal es $\frac{\pi}{16}$, y el resto de los coeficientes, 0.
$Q(x) = 50x^3 + 375x^2 + 280x + 100$ es un polinomio de grado 3 cuyo coeficiente principal es 50.
$R(x) = x^4 - 5x^3 + 3x - 5$ es un polinomio mónico de grado 4.
Las funciones lineales son funciones polinómicas de primer grado y las funciones cuadráticas son funciones polinómicas de grado 2.
Dado que para cualquier valor de x podemos realizar las operaciones indicadas en la fórmula de la función, el dominio de las funciones polinómicas es R, aunque en las funciones de los problemas 1 y 2 el contexto determina que x > 0.

Dos polinomios
$$P(x) = a_n x^n + a_{n-1} x^{n-1} + \dots + a_1 x + a_0$$
$$Q(x) = b_n x^n + b_{n-1} x^{n-1} + \dots + b_1 x + b_0$$
son **iguales** si tienen igual grado y todos sus coeficientes correspondientes iguales, o sea, $a_i = b_i$ para todos los i de 1 a n.

Una **ecuación polinómica** de grado n es una ecuación de la forma:
$$a_n x^n + a_{n-1} x^{n-1} + \dots + a_1 x + a_0 = 0 \qquad \text{con } a_n \neq 0$$

Por ejemplo: la ecuación del problema II, que tenemos que resolver, es una ecuación polinómica de tercer grado o de grado 3.
La ecuación $3x^2 - 5x - 2 = 0$ es una ecuación polinómica de grado 2 (una ecuación cuadrática), y vimos con anterioridad, métodos para resolverla (fórmula resolvente)[1]. Debemos ahora buscar formas de resolver ecuaciones de grado mayor.

[1] $x = \dfrac{-b \pm \sqrt{b^2 - 4ac}}{2a}$. Ver página 86.

Operaciones con polinomios

Problema III

En la primera pregunta, nos piden que hallemos la fórmula de la función producto de la cantidad de artículos vendidos por el precio unitario, por lo tanto:

$I(x) = P(x) \cdot x = (8 - 0{,}7x) \cdot x$. Si aplicamos la propiedad distributiva y operamos, obtenemos:

$I(x) = 8x - 0{,}7\, x^2$.

Para el ítem b., hallamos la función que resulta de calcular la diferencia entre el ingreso y el costo. $G(x) = I(x) - C(x) = 8x - 0{,}7\, x^2 - (6 + 1{,}3x) = 6{,}7x - 0{,}7\, x^2 - 6$.

El dominio de $I(x)$ es el conjunto de todos los valores que están en el dominio de $P(x)$ que sean mayores que 0, y el dominio de $G(x)$ está formado por los valores x que pertenecen al dominio de $P(x)$ y al de $C(x)$, o sea que el dominio de las nuevas funciones es la intersección de los dominios de las funciones originales.

Suma y resta de polinomios

La suma de dos funciones polinómicas $P(x)$ y $Q(x)$ es la función $R(x)$, cuyos coeficientes son la suma de los coeficientes de $P(x)$ y $Q(x)$. Es decir, si

$P(x) = a_n x^n + a_{n-1} x^{n-1} + \ldots + a_1 x + a_0$ y $Q(x) = b_n x^n + b_{n-1} x^{n-1} + \ldots + b_1 x + b_0$,

$R(x) = c_n x^n + c_{n-1} x^{n-1} + \ldots + c_1 x + c_0$, donde $c_i = a_i + b_i$, con i entre 0 y n.

Por ejemplo:

Si $P(x) = 3x^4 + 5x^2 - 6x + 7$ y $Q(x) = 8x^3 - 7x^4 - 3x^2 + 9x + 2$, entonces:

$R(x) = P(x) + Q(x) = (3x^4 + 5x^2 - 6x + 7) + (8x^3 - 7x^4 - 3x^2 + 9x + 2) =$

$= -9x^3 + (3 - 7)\, x^4 + (5 - 3)\, x^2 + (-6 + 9)\, x + (7 + 2) =$

$= - 8x^3 - 4x^4 + 2\, x^2 + 3x + 9$

Si $M(x) = 3x^4 + 8x^3 - 6x^2 - 5x + 7$ y $N(x) = -3x^4 - 7x^2 - 3x^3 + 9x + 2$,

$M(x) + N(x) = (3x^4 + 8x^3 - 6x^2 - 5x + 7) + (-3x^4 - 7x^2 - 3x^3 + 9x + 2) =$

$= (3 - 3)\, x^4 + (8 - 7)\, x^3 + (-6 - 3)\, x^2 + (-5 + 9)\, x + (7 + 2) =$

$= 0x^4 + x^3 - 9\, x^2 + 4x + 9$

El polinomio opuesto de $P(x) = a_n x^n + a_{n-1} x^{n-1} + \ldots + a_1 x + a_0$ se define como:

$-P(x) = -a_n x^n - a_{n-1} x^{n-1} - \ldots - a_1 x - a_0$

La resta de dos funciones polinómicas $P(x)$ y $Q(x)$ es la suma entre $P(x)$ y el opuesto de $Q(x)$, o sea

$$P(x) - Q(x) = P(x) + [-Q(x)]$$

Por ejemplo:

Si $P(x) = 3x^4 + 5x^2 - 6x + 7$ y $Q(x) = 8x^3 - 7x^4 - 3x^2 + 9x + 2$

$P(x) - Q(x) = (3x^4 + 5x^2 - 6x + 7) - (8x^3 - 7x^4 - 3x^2 + 9x + 2) =$

$= 3x^4 + 5x^2 - 6x + 7 - 8x^3 + 7x^4 + 3x^2 - 9x - 2 =$

$= -8x^3 + (3 + 7) x^4 + (5 + 3) x^2 + (-6 - 9) x + (7 - 2) =$

$= -8x^3 + 10 x^4 + 8 x^2 - 15 x + 5$

Analizando los ejemplos anteriores, observamos que el grado de la suma y de la resta de dos polinomios depende del grado de estos y de sus coeficientes.

- Si dos polinomios tienen distinto grado, entonces el grado de la suma y el grado de la resta coinciden con el grado mayor.
- Si ambos tienen el mismo grado, n, entonces:
Si $a_n + b_n = 0$, entonces gr $[P(x) + Q(x)] = n$
Si $a_n + b_n = 0$, entonces gr $[P(x) + Q(x)] < n$
Si $a_n - b_n = 0$, entonces gr $[P(x) - Q(x)] = n$
Si $a_n - b_n = 0$, entonces gr $[P(x) - Q(x)] < n$

Producto de polinomios

El producto de dos funciones polinómicas es una nueva función polinómica que se obtiene multiplicando cada término del primero por cada uno de los términos del segundo, o sea, aplicando la propiedad distributiva.

Por ejemplo,

Si $P(x) = 3x^4 + 8x^3 - 6x^2 - 5x + 7$ y $Q(x) = x^3 + 7x^3 - 3x^2 + 9x + 2$, entonces:

$P(x) \cdot Q(x) = (3x^4 + 8x^3 - 6x^2 - 5x + 7) \cdot (x^3 + 7x^3 - 3x^2 + 9x + 2) =$

$= 3x^7 + 21x^6 - 9x^6 + 27x^5 + 8x^6 + 56x^5 - 24x^4 + 72x^4 + 16x^3 - 6x^5 - 42x^4 + 18x^3 - 54x^2 + 12x^3 - 5x^4 - 35x^3 + 15x^2 - 45x + 10 + 7x^3 + 49x^3 - 21x^2 + 63x + 14 = 3x^7 + 8x^6 + 15x^5 + 42x^4 - 32x^3 + 25x^2 + 26x^3 - 78x^2 + 53x + 14$

Observemos que al multiplicar dos polinomios, donde ninguno de ellos es el polinomio nulo $(N(x) = 0)$, el coeficiente principal queda formado por la multiplicación de los coeficientes principales y el grado es la suma de los grados. Esto ocurre porque si x es cualquier número real y m y n son números naturales entonces: $x^m \cdot x^n = x^{m+n}$.

El grado del producto de dos polinomios no nulos es la suma de los grados de los polinomios factores.

$$gr[P(x) \cdot Q(x)] = gr[P(x)] + gr[Q(x)]$$

División de polinomios

Problema IV

El volumen de este prisma se calcula a través del producto de las expresiones de las tres aristas. Si llamamos $C(x)$ a la arista cuya fórmula se perdió, podemos plantear lo siguiente:

$$V(x) = A(x) \cdot B(x) \cdot C(x)$$

Como $A(x) \cdot B(x) = (2x + 1) \cdot (5x + 3) = 10x^2 + 11x + 3$; luego, nuestro problema se reduce a encontrar $C(x)$ que verifique:

$$80\,x^3 + 158x^2 + 101x + 21 = (10x^2 + 11x + 3) \cdot C(x)$$

Analicemos primero los grados de los polinomios. Sabemos que $\mathrm{gr}[V(x)] = 3$ y $\mathrm{gr}[A(x) \cdot B(x)] = 2$

$\mathrm{gr}[V(x)] = \mathrm{gr}[A(x) \cdot B(x) \cdot C(x)] = \mathrm{gr}[A(x)] + \mathrm{gr}[B(x)] + \mathrm{gr}[C(x)]$ entonces

$3 = 2 + \mathrm{gr}[C(x)] \Rightarrow \mathrm{gr}[C(x)] = 1 \rightarrow C(x) = ax + b$; luego:

$80x^3 + 158x^2 + 101x + 21 = (10x^2 + 11x + 3) \cdot (ax + b) = 10ax^3 + 10bx^2 + 11ax^2 + 11b\,x + 3a\,x + 3b$

Como dos polinomios son iguales si todos sus coeficientes son iguales obtenemos

$$\left. \begin{array}{l} 80 = 10a \\ 158 = 10b + 11a \\ 101 = 11b + 3a \\ 21 = 3b \end{array} \right\} \longrightarrow C(x) = 8x + 7$$

Lo que resolvimos fue una división exacta de polinomios donde $80x^3 + 158x^2 + 101x + 21$ es el dividendo, $10x^2 + 11x + 3$ el divisor y $C(x)$ el cociente.

Necesitamos analizar, entonces, cómo se dividen, en general, los polinomios. Para ello, recordemos qué ocurre con los números enteros.

Algo similar ocurre con los polinomios.

Dados dos polinomios $P(x)$ y $Q(x)$, siempre existen polinomios $C(x)$ y $R(x)$ únicos, llamados cociente y resto, respectivamente, tales que: $P(x) = C(x) \cdot Q(x) + R(x)$ con $\mathrm{gr}[R(x)] < \mathrm{gr}[Q(x)]$ o $R(x) = 0$.

Consideremos un ejemplo:

Sean $P(x) = 3x^4 - 5x^3 + 2x^2 - 3x + 9$ y $Q(x) = 2x^2 + 6x + 8$, necesitamos encontrar polinomios $C(x)$ y $R(x)$ tales que: $P(x) = Q(x) \cdot C(x) + R(x)$, con $gr[R(x)] < gr[Q(x)]$ o $R(x) = 0$.

Como $gr\ [Q(x)] = 2$ y $gr[R(x)] < gr[Q(x)] \Rightarrow gr[R(x)] \leq 1 \Rightarrow R(x) = mx + n$.

Además:

$gr[P(x)] = gr[Q(x) \cdot C(x) + R(x)]$ y como $gr[R(x)] < gr[Q(x)] \Rightarrow gr[P(x)] = gr[Q(x) \cdot C(x)] = gr[Q(x)] + gr[C(x)]$.

$4 = 2 + gr[C(x)] \Rightarrow gr[C(x)] = 2 \Rightarrow C(x) = ax^2 + bx + c$

Como además $P(x) = Q(x) \cdot C(x) + R(x)$ nos queda:

$3x^4 - 5x^3 + 2x^2 - 3x + 9 = (2x^2 + 6x + 8)(ax^2 + bx + c) + (mx + n)$

Operando, obtenemos:

$3x^4 - 5x^3 + 2x^2 - 3x + 9 = 2ax^4 + (2b + 6a) x^3 + (8a + 2c + 6b) x^2 + (8b + 6c + m) x + (8c + n)$

y como los polinomios deben ser iguales:

$$
\left.
\begin{array}{lll}
2a = 3 & \Rightarrow & a = \dfrac{3}{2} \\
2b + 6a = -5 & \Rightarrow & b = -7 \\
8a + 2c + 6b = 2 & \Rightarrow & c = 16
\end{array}
\right\} \Rightarrow C(x) = \dfrac{3}{2}x^2 - 7x + 16
$$

$$
\left.
\begin{array}{lll}
8b + 6c + m = -3 & \Rightarrow & m = -43 \\
8c + n = 9 & \Rightarrow & n = -119
\end{array}
\right\} \Rightarrow R(x) = -43x - 119
$$

Veamos otra manera de escribir la operación:

Algoritmo de división

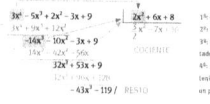

$3x^4 - 5x^3 + 2x^2 - 3x + 9$	$2x^2 + 6x + 8$
$3x^4 + 9x^3 + 12x^2$	$\frac{3}{2}x^2 - 7x + 16$
$-14x^3 - 10x^2 - 3x + 9$	COCIENTE
$14x^3 - 42x^2 - 56x$	
$32x^2 + 53x + 9$	
$-32x^2 - 96x - 128$	
$-43x - 119$ / RESTO	

1º: dividimos $3x^4$ por $2x^2$;

2º: multiplicamos a^2 por $2x^2 + 6x + 8$;

3º: restamos $3x^4 - 5x^3 + 2x^2 - 3x + 9$ con el resultado del paso 2;

4º: comenzamos de nuevo con el polinomio obtenido en el paso 3 y así seguimos hasta obtener un polinomio de grado menor que $gr[Q(x)]$.

Decimos que $P(x)$ es divisible por $Q(x)$ si el resto, $P(x)$, de la división de $P(x)$ por $Q(x)$ es 0.

Teorema del resto

Supongamos que $Q(x) = x - a$ y $P(x)$ es un polinomio cualquiera. Por el resultado anterior, sabemos que existen $C(x)$ y $R(x)$ tales que: $P(x) = C(x) \cdot Q(x) + R(x)$ (1), con $gr[R(x)] < gr[Q(x)] = 1$ o $R(x) = 0$, o sea, $gr[R(x)] = 0$ o $R(x) = 0$. Entonces, $R(x)$ es un polinomio constante y podemos decir que $R(x) = R$. Reemplazando en (1) obtenemos $P(x) = C(x) \cdot (x - a) + R$, para todos los números reales x. En particular, si reemplazamos x por a nos queda:

$P(a) = C(a) \cdot (a - a) + R = R$; luego, $P(a) = R$.

El resto de dividir un polinomio $P(x)$ por un polinomio de la forma $(x - a)$ es $P(a)$.

Si, además, a es un cero (o raíz) de la función polinómica $P(x)$, entonces $P(a) = 0$, con lo cual el resto de dividir $P(x)$ por $(x - a)$ es 0.

$P(x)$ es divisible por $(x - a)$ si y solo si $P(a) = 0$, o sea, a es raíz de $P(x)$.

Volvamos al problema II de la página 148.

Necesitamos resolver $50x^3 + 375x^2 + 280x + 100 = 5785$, pero vemos que es lo mismo que resolver la ecuación: $50x^3 + 375x^2 + 320x + 100 - 5785 = 0$. Nos propondremos, entonces, encontrar un método para resolver ecuaciones polinómicas de grado mayor que 2 (dado que para los de grado 2 ya sabemos cómo hacerlo). Veamos algunos ejemplos:

-Resolver $x^3 - 5x^2 + 6x = 0$ es lo mismo que hallar las raíces de la función $P(x) = x^3 - 5x^2 + 6x$.

$P(x) = x^3 - 5x^2 + 6x = x(x^2 - 5x + 6)$ Sacamos factor común **x** porque el polinomio no tiene término independiente.

$0 = P(x) = x(x^2 - 5x + 6) \Rightarrow x = 0$ o $x^2 - 5x + 6 = 0 \Rightarrow x = 0$ o $x = 2$ o $x = 3$

     Usando la fórmula resolvente.

Además, por la forma factorizada de la cuadrática

$$P(x) = x(x - 2)(x - 3)$$

Entonces la ecuación $x^3 - 5x^2 + 6x = 0$ puede escribirse de manera equivalente como $0 = x(x - 2)(x - 3)$. Esta última expresión, es una manera de escribir la ecuación de manera factoreada (como una igualdad de factores), es la **expresión factoreada** de la ecuación. Observemos que si queremos resolver una ecuación polinómica que está igualada a 0 y la tenemos escrita como producto de polinomios de menor grado es sencillo hacerlo porque un producto da por resultado 0 solo cuando alguno de sus factores es 0. Es por ello que para resolver ecuaciones polinómicas igualadas a 0 nuestro primer objetivo será escribirlas de manera equivalente pero como producto de polinomios de grado menor.

Para resolver la ecuación $2x^3 + 4x^2 - 2x - 4 = 0$ consideremos el polinomio $P(x) = 2x^3 + 4x^2 - 2x - 4$ y tratemos de escribirlo como producto de polinomios de menor grado.

Si probamos con algunos números podemos observar que

$P(-1) = 2(-1)^3 + 4(-1)^2 - 2(-1) - 4 = 0$ entonces -1 es raíz de $P(x)$, con lo cual $P(x)$ es divisible por $[x - (-1)] = (x + 1)$. Encontremos el cociente de dicha división:

$$
\begin{array}{r|l}
2x^3 + 4x^2 - 2x - 4 & \underline{\;x + 1\;} \\
\underline{-\;2x^3 + 2x^2} & 2x^2 + 2x - 4 \\
2x^2 - 2x - 4 & \\
\underline{-\;2x^2 + 2x} & \\
- 4x - 4 & \\
\underline{-\;- 4x - 4} & \\
0/ &
\end{array}
$$

El cociente de la división resultó $C(x) = 2x^2 + 2x - 4$ y el resto $R(x) = 0$ por lo tanto

$P(x) = (x + 1) \cdot (2x^2 + 2x - 4)$. Pero, entonces, la ecuación $2x^3 + 4x^2 - 2x - 4 = 0$ se transforma en

$(x + 1) \cdot (2x^2 + 2x - 4) = 0 \Rightarrow (x + 1) = 0$ o $(2x^2 + 2x - 4) = 0 \Rightarrow x = -1$ o $(2x^2 + 2x - 4) = 0 \Rightarrow x = -1$ o

$x = 1$ o $x = -2$.

Además, $2x^2 + 2x - 4 = 2(x - 1) \cdot [x - (-2)] \Rightarrow P(x) = 2(x + 1)(x - 1) [x - (-2)]$. Logramos así hallar las raíces de la función polinómica y escribirla de forma factoreada.

Como es tan útil poder dividir polinomios de cualquier grado por un polinomio de la forma $(x - a)$, existe la siguiente regla:

Regla de Ruffini

La regla de Ruffini es un método sencillo para dividir un polinomio cualquiera por un polinomio mónico de grado 1, o sea, por un polinomio de la forma $(x - a)$.

- Ubicamos los coeficientes de P(x).
- Bajamos el primer coeficiente.
- Multiplicamos el primer coeficiente por a, lo colocamos bajo el segundo y sumamos.
- Repetimos el paso anterior con los siguientes coeficientes hasta terminar. El último número obtenido es el resto.

RESTO

Analicemos ahora la ecuación polinómica del problema II: $50x^3 + 375x^2 + 280x - 5565 = 0$. Necesitamos primero encontrar alguna solución de la ecuación para poder hacer lo anterior. Observemos que si reemplazamos x por 3 nos queda: $50 \cdot 33 + 375 \cdot 32 + 280 \cdot 3 - 5565 = 0$; es decir que $x = 3$ es solución de la ecuación y raíz de la función polinómica

$P(x) = 50x^3 + 375x^2 + 280x - 5565$. Dividamos el polinomio por $Q(x) = x - 3$ usando la regla de Ruffini.

	50	375	280	-5565
		+	+	+
3		150	1575	5565
x	50	525	1855	0

$50x^3 + 375x^2 + 280x - 5565 = (x - 3) \cdot (50x^2 + 525x + 1855)$

Como la ecuación cuadrática no tiene soluciones reales, $x = 3$ es la única solución de la ecuación original.

La respuesta al problema II, entonces, es que el club puede construir una pileta de 3 m de ancho. Con todo esto observamos que si tenemos una ecuación polinómica de grado n igualada a 0 y encontramos una solución x_1, logramos escribir a la ecuación como una igualdad en la que uno de los miembros es el producto $(x - x_1) \cdot Q(x)$ y $gr[Q(x)] = n - 1$ y el otro miembro es 0. Las soluciones de $Q(x) = 0$ serán también soluciones de la ecuación original; debemos, entonces, resolver la ecuación $Q(x) = 0$ con un procedimiento similar al anterior pero para un grado menos. Si en algún momento obtenemos un polinomio de grado 2, podremos utilizar la fórmula resolvente.

Un ecuación polinómica de grado n igualada a cero tiene a lo sumo n soluciones reales.

Por ejemplo:

$P(x) = 3x^4 - 12x^3 + 9x^2 + 12x - 12$ en forma factoreada se escribe como $P(x) = 3(x - 1)(x - 2)^2(x + 1)$ y así es más sencillo encontrar los ceros.

Una vez que encontramos una solución de la ecuación, usando la regla de Ruffini vamos buscando soluciones de ecuaciones polinómicas de grado menor.

¿Cómo encontrar la primera solución?

Lamentablemente, para encontrar soluciones de ecuaciones polinómicas de grado mayor o igual a 3 no hay fórmulas, como para las ecuaciones cuadráticas, y no podemos despejar. Entonces, lo que hay que hacer es "tantear" una solución. Tantear significa ir probando a mano para encontrar alguna solución. Los matemáticos buscaron formas de tantear menos engorrosas, o sea, saber qué valores probar para ver si son soluciones. Gauss propuso el siguiente razonamiento:

Consideremos la ecuación $a_n x^n + a_{n-1} x^{n-1} + \dots + a_1 x + a_0 = 0$ con $a_0 \neq 0$, una ecuación polinómica con todos los coeficientes enteros, y sea $\dfrac{p}{q}$ una solución racional de la ecuación escrita en forma irreducible ($p, q \in Z - \{0\}$), entonces:

$$0 = a_n \left(\frac{p}{q}\right)^n + a_{n-1} \left(\frac{p}{q}\right)^{n-1} + \dots + a_1 \frac{p}{q} + a_0$$

Si se multiplica la ecuación por q^n queda

$$0 = a_n p^n + a_{n-1} p^{n-1} q + a_{n-2} p^{n-2} q^2 + \dots + a_1 p q^{n-1} + a_0 q^n$$

si dividimos todo por p obtenemos:

$$a_n p^{n-1} + a_{n-1} p^{n-2} q + a_{n-2} p^{n-3} q^2 + \dots + a_1 q^{n-1} + a_0 \frac{q^n}{p} = 0, \text{ luego}$$

$a_0 \dfrac{q^n}{p} = -(a_n p^{n-1} + a_{n-1} p^{n-2} q + a_{n-2} p^{n-3} q^2 + \dots + a_1 q^{n-1}) \in Z$ y por lo tanto p debe dividir a

$a_0 q^n$, pero como p y q no tienen divisores comunes pues la fracción es irreducible, p debe ser divisor de a_0.

Con un razonamiento análogo, llegamos a la conclusión de que q debe dividir a a_n.

Lema de Gauss

Sea $a_n x^n + a_{n-1} x^{n-1} + \dots + a_1 x + a_0 = 0$ con $a_n \neq 0$, una ecuación polinómica de grado n con todos sus coeficientes enteros. Si el número racional $\dfrac{p}{q}$, $p, q \in Z - \{0\}$ escrito de manera irreducible, es solución de la ecuación, entonces p es divisor del término independiente y q es divisor del coeficiente principal.

Por ejemplo:

Hallemos una solución racional de la ecuación $0 = 3x^3 - 2x^2 - 6x + 4$

Para ello, veamos que:

$a_0 = 4$; luego, sus divisores son: 4; −4; 2; −2; 1; −1

$a_3 = 3$; luego, sus divisores son: 3; −3; 1; −1

Los posibles $\dfrac{P}{q}$ son, entonces:

$$\dfrac{4}{3};\ -\dfrac{4}{3};\ 4;\ -4;\ \dfrac{2}{3};\ -\dfrac{2}{3};\ 2;\ -2;\ \dfrac{1}{3};\ -\dfrac{1}{3};\ 1;\ -1$$

Luego, debemos probar con ellos:

$3\left(\dfrac{4}{3}\right)^3 - 2\left(\dfrac{4}{3}\right)^2 - 6\left(\dfrac{4}{3}\right) + 4 = -\dfrac{4}{3}$; $\qquad 3\left(-\dfrac{4}{3}\right)^3 - 2\left(-\dfrac{4}{3}\right)^2 - 6\left(-\dfrac{4}{3}\right) + 4 = \dfrac{4}{3}$

$3(4)^3 - 2(4)^2 - 6(4) + 4 = 140;$ $\qquad 3(-4)^3 - 2(-4)^2 - 6(-4) + 4 = -196$

$3\left(\dfrac{2}{3}\right)^3 - 2\left(\dfrac{2}{3}\right)^2 - 6\left(\dfrac{2}{3}\right) + 4 = 0$

Logramos así encontrar una solución racional de la ecuación, $x_1 = \dfrac{2}{3}$. Para hallar las otras raíces, podemos dividir $P(x)$ $3x^3 - 2x^2 - 6x + 4$ por $\left(x - \dfrac{2}{3}\right)$ utilizando la regla de Ruffini, y obtenemos:

$$
\begin{array}{c|cccc}
 & 3 & -2 & -6 & 4 \\
 & & + & + & + \\
\dfrac{2}{3} & & 2 & 0 & -4 \\
\hline
 & 3 & 0 & -6 & 0 \\
\end{array}
\ \Leftrightarrow P(x) = \left(x - \dfrac{2}{3}\right)\cdot(3x^2 - 6).
$$

Para terminar de encontrar las soluciones de la ecuación hay que resolver $3x^2 - 6 = 0$, cuyas soluciones son: $x_2 = \sqrt{2}$ y $x_3 = -\sqrt{2}$.

Problema V

Para saber a qué hora la temperatura será 0, debemos resolver la ecuación:

$$t^4 - 7t^3 + \dfrac{569}{36}\,t^2 - \dfrac{34}{3}\,t = 0,$$

para ello tenemos que tantear una solución, pero como el término independiente es 0, es fácil observar que $t = 0$ es solución de la ecuación.

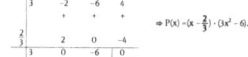

Usando el lema de Gauss obtenemos que $t = \frac{3}{2}$ es solución de la ecuación. Dividimos $P(t) = 36t^3 - 252t^2 + 569t - 408$ por $t - \frac{3}{2}$ usando la regla de Ruffini.

	36	-252	569	-408
$\frac{3}{2}$		54	-297	408
	36	-198	272	0

$\Rightarrow P(t) = (t - \frac{3}{2}) \cdot (36t^2 - 198t + 272)$

Las otras dos soluciones de la ecuación salen de resolver $36t^2 - 198t + 272 = 0$ usando la fórmula resolvente.

Los valores donde la temperatura fue de $0°$ fue: 0 hora, $\frac{3}{2}$ hora, $\frac{8}{3}$ hora y $\frac{17}{6}$ hora. Es decir a las 0 horas, 90 minutos, 160 minutos y 170 minutos.

Algunas ecuaciones especiales, es posible resolverlas usando caminos más cortos. Para ello, veamos algunos de estos.

Factor común

Si el polinomio tiene término independiente 0, entonces $P(0) = 0$; luego, 0 es raíz del polinomio y todos los términos tienen x, con la cual, sacando factor común x, podemos escribir:

$P(x) = x \cdot Q(x)$ con $Q(x)$ de un grado menos que $P(x)$ y para buscar el resto de las soluciones de la ecuación buscamos las soluciones de $Q(x) = 0$.

Por ejemplo:
$$x^3 - 3x^2 + 2x = x \cdot (x^2 - 3x + 2)$$

Trinomio cuadrado perfecto

$(a + b)^2 = (a + b) \cdot (a + b) = a^2 + ab + ba + b^2 = a^2 + 2ab + b^2$

Análogamente:

$(a - b)^2 = (a - b) \cdot (a - b) = a^2 - ab - ba + b^2 = a^2 - 2ab + b^2$

Por esto, podemos escribir las expresiones algebraicas de manera equivalente:

$a^2 + 2ab + b^2 = (a + b)^2$ $\qquad$ $a^2 - 2ab + b^2 = (a - b)^2$

Por ejemplo:
$9x^2 - 6x + 1 = (3x)^2 - 2 \cdot 3x + 1 = (3x - 1)^2$

Diferencia de cuadrados

$(a - b) \cdot (a + b) = a^2 - ab + ab - b^2 = a^2 - b^2$

Por esto, podemos escribir la expresión algebraica de manera equivalente:

$a^2 - b^2 = (a - b) \cdot (a + b)$

Por ejemplo:
$x^4 - 16 = ((x^2)^2 - 4^2) = (x^2 - 4) \cdot (x^2 + 4) = (x^2 - 2^2) \cdot (x^2 + 4) = (x - 2) \cdot (x + 2) \cdot (x^2 + 4)$

1. Siendo P(x) y Q(x) dos polinomios tales que gr[P(x)] = 3 y gr[Q(x)] = 5, determinen:

a. gr[P(x) + Q(x)] = _____   **b.** gr[P(x) · Q(x)] = _____

2. Siendo P(x) y Q(x) dos polinomios tales que gr[P(x)] = 5 y gr[Q(x)] = 5, determinen, si es posible, los siguientes grados y, si no es posible, expliquen por qué:

a. gr[P(x) + Q(x)] = _____   **b.** gr[P(x) – Q(x)] = _____

c. gr[P(x) · Q(x)] = _____   **d.** gr[P(x) · Q(x) – P(x)] = _____

3. Decidan si estas afirmaciones son verdaderas o falsas y justifiquen en la carpeta las respuestas.

a. El grado del cociente de la división del polinomio P(x) = $5x^8 - 3x^3 + 8$ por Q(x) = $-2x^5 + 3$ es 4.

b. El grado del resto de la división de P(x) = $x4 - 2x^2 + 1$ por Q(x) = $x^2 - 1$ es 1.

c. Si P(x) = $7x^5 + 21x^2 + x^4 + 3x - 2x^3 - 1$ y Q(x) = $x^3 + 3$, existe un polinomio K(x) tal que P(x) = Q(x) · K(x) + 5.

4. Calculen en la carpeta a, b y c para que P(x).Q(x) + R(x) = T(x) donde P(x) = $1 - 2x$; Q(x) = $x^2 + 6$; R(x) = $ax^3 + bx + c$; T(x) = $3x^3 + x^2 - x + 2$.

5. Calculen en la carpeta el cociente y el resto de dividir P(x) por Q(x) siendo P(x) = $3x^4 + 6x^2 - x + 2$; Q(x) = $x^2 + x - 1$.

6. Encuentren el valor de a, número real para que el polinomio P(x) = $\frac{1}{2} x^3 \frac{3}{2} x^2 - ax + 1$ sea divisible por (x + 2).

7. Encuentren en la carpeta las soluciones de las siguientes ecuaciones polinómicas.

a. $0 = 5x^4 - 125x^2 + 720$ **b.** $5x^3 + 15x^2 = 85x + 15$

c. $x^6 - 4x^4 = 3x^2 - 12$ **d.** $0 = (x^6 - x^2)(- 36 x^4 + 36x^3 - 5x^2 - 2x)$

9

Combinatoria

La combinatoria es la rama de la matemática que estudia las técnicas que permiten contar cuántos elementos tiene un conjunto con determinadas características.

Contar casos

Problema I

En la cantina de una escuela, se ofrece un menú que incluye un plato principal, una bebida y un postre. Como plato principal, se puede elegir milanesa con papas fritas, arroz con pollo, ravioles con salsa o canelones. Entre los postres, se puede optar por flan, mousse de chocolate o ensalada de frutas. Para beber, se ofrece agua mineral o gaseosa. Martín, que siempre almuerza en esa cantina, decidió comer cada día una combinación diferente del menú. ¿Después de cuántos días hábiles Martín tendrá que repetir la elección del menú?

1. En una panadería, preparan sándwiches de miga de pan negro o blanco. Como fiambre se puede elegir queso, jamón cocido, jamón crudo o pavita, combinado con ananá, huevo, tomate, aceitunas, lechuga, morrón, choclo o palmitos. ¿Cuántas variedades de sándwiches se preparan, en esa panadería, con un fiambre combinado con uno de los otros ingredientes posibles?

Problema II

En la cantina ubicada en la esquina de la escuela, también se ofrece un menú que incluye un plato principal, una bebida y un postre. En esta cantina, la variedad de opciones es más amplia que en la de la escuela, pues se ofrecen diez platos principales, ocho postres y nueve bebidas. ¿Cuántas combinaciones diferentes del menú hay para elegir?

2. ¿De cuántas maneras diferentes se pueden combinar 4 blusas, 3 polleras y 2 pares de zapatos?

3. Propongan un problema que se pueda resolver a través del siguiente diagrama de árbol:

Problema III

Fernanda, Ariel, Matías e Ignacio decidieron jugar a las cartas y compartían cuatro números de camadas. Si la buena suerte correspondió a los jugadores 2, 3, 6 y 4 de la lista de jugadores, ¿en cuántas maneras se pueden sentar las cuatro en una misma mesa?

4. Analía tiene que elegir una clave de 4 dígitos para operar en el cajero automático de un banco. Determinó que la clave esté formada por dígitos distintos y que ninguno de ellos sea cero. ¿Entre cuántas opciones puede Analía elegir su clave?

5. Para una competición deportiva de una escuela, los integrantes de un equipo quieren construir una bandera de 5 colores. Para eso, consiguieron retazos de tela de color verde, rojo, azul, amarillo y blanco, que unirán en forma de franjas horizontales. ¿Cuántas banderas diferentes pueden construir los integrantes de dicho equipo?

6. Tres amigas quieren sacarse una foto sentadas una junto a otra en un sofá. ¿Cuántas maneras tienen de alinearse para que les tomen la foto?

7. Martín conoció a una chica el fin de semana. Ella le dio su número de teléfono, pero él no tenía dónde anotarlo. Se acuerda de que las cifras que conforman dicho número telefónico son 1, 2, 3, 4, 5, 6, 8 y 9, pero no recuerda en qué orden. ¿Cuántos números de teléfono diferentes puede haber con esos dígitos?

Permutaciones

Problema IV

Una banda musical grabó doce temas para su próximo disco compacto, pero sus integrantes no se ponen de acuerdo en cuanto al orden en el que tienen que ir las canciones.

a. ¿De cuántas maneras puede la banda ordenar sus temas en el disco compacto?

b. ¿Si la banda decide que el primer lugar del disco es para la canción "Luz de luna" y el último para el tema "Brisa marina", ¿de cuántas formas pueden figurar las canciones en el compacto?

c. ¿Cuántas opciones tiene la banda para ordenar los temas en el disco compacto, si deciden que las canciones "Luz de luna", "Brisa marina" y "Tormento" tienen que estar juntas?

8. Los 32 alumnos de un curso se ubican en fila para entrar en el aula. ¿De cuántas maneras pueden los alumnos ordenarse en la fila?

9. Propongan un problema que se resuelva calculando 59!.

10. Un grupo de 15 chicas debe preparar una coreografía.
a. Si para iniciar la coreografía quieren pararse una junto a la otra, ¿de cuántas formas pueden hacerlo?

b. Para uno de los cuadros coreográficos, en el que también están paradas una al lado de la otra, decidieron que Valeria, Micaela y Lucía van a estar juntas. ¿Cuántas formas tienen de ordenarse en ese caso?

11. El empleado de una librería desea ubicar en fila, en uno de los estantes de una vitrina, 11 libros diferentes sobre un mismo tema.
a. ¿De cuántas maneras diferentes puede el empleado ubicar los libros?

b. ¿De cuántas formas puede el empleado acomodar los libros si decide que los 5 libros del mismo autor deben estar juntos?

12. a. ¿Cuántos números de seis cifras distintas se pueden formar con los dígitos 2, 3, 4, 5, 8 y 9?

b. ¿Qué cantidad de esos números comienzan con 2?

c. ¿Cuántos de los números correspondientes al ítem a. tienen como primera cifra 5 y como última cifra 9?

Variaciones

Problema V

El equipo de natación de una escuela está formado por dieciséis y ochenta. Para el próximo año escolar, serán seleccionados los cinco mejores de dicho grupo.

a. si los papeles masculinos de la obra, no están en importancia, son protagonista, amigo, padre y tío. ¿Cuántas formas de elegir a los integrantes masculinos hay?

b. si los roles femeninos, en orden de importancia, son protagonista, madre y abuela. ¿De cuántas maneras pueden asignarse dichos papeles?

c. ¿Cuántos elencos diferentes pueden seleccionarse para la obra?

13. Laura va a publicar su primer libro de poemas. Con el editor, seleccionaron 25 de ellos y, aunque en cada página incluirán un solo poema, no decidieron aún en qué orden publicarlos.

a. ¿De cuántas formas pueden ordenar los poemas en el libro?

b. ¿En cuántas de las formas del ítem a. pueden figurar los poemas "Amor" y "Sueños" en páginas consecutivas?

c. Si Laura y su editor acordaron que el libro conste de dos partes, una con 15 poemas y la otra con 10, ¿De cuántas maneras pueden aparecer publicados los poemas?

14. Cuatro amigos suben al colectivo y se sientan en cuatro lugares vacíos.
a. ¿De cuántas maneras pueden hacerlo si esos lugares están en el último asiento?

b. ¿De cuántas maneras pueden sentarse si tres están en el último asiento y uno en otra fila?

15. La profesora de Lengua entregó a sus alumnos una lista de 96 libros de novelas y les indicó que cada uno tiene que leer 6 de ellos durante el año.
a. Mara va a una biblioteca que tiene todos los libros de la lista y selecciona los que va a leer. ¿Cuántas elecciones puede hacer Mara?

b. Si son los alumnos los que deciden el orden en que leerán los libros que eligieron, ¿cuántas opciones tiene Mara de organizar su lectura?

16. Si en una carrera participan 8 corredores, ¿de cuántas maneras pueden distribuirse el primero, el segundo y el tercer puestos?

17. Catorce chicos organizaron en su escuela un festival solidario. Decidieron que 4 de ellos se van a distribuir, por turnos, las tareas de vendedor de entradas, acomodador, conductor del festival y vendedor de la cantina. ¿Cuántos turnos diferentes pueden formarse?

Problema VI

Consideren los dígitos 1, 2, 3, 4, 5, 6 y 7.
a. ¿Cuántos números de cinco cifras pueden formarse con esos dígitos?

b. ¿Cuántos de los números del ítem a. son impares?

c. ¿Cuántos números capicúas de cinco cifras se pueden formar con los dígitos considerados?

18. Propongan un problema que para resolverlo haya que calcular la cantidad de permutaciones de 10 elementos.

19. Inventen un problema para cuya resolución se deba obtener la cantidad de variaciones sin repetición de 10 elementos tomados de a 3.

20. ¿Por qué en la definición de variaciones sin repetición de m elementos tomados de a **n** es necesario que **n** sea menor que **m**?

21. Un grupo de detectives se comunica a través de mensajes secretos utilizando los siguientes símbolos:

$$\theta, *, \$, \&, \int, \partial, ¢ \text{ y } \Diamond.$$

a. ¿Qué cantidad de mensajes de 5 símbolos diferentes hay?

b. ¿A cuántos mensajes de 6 símbolos tienen acceso los detectives si en dichos mensajes pueden usarse los símbolos más de una vez?

22. Escriban el enunciado de un problema que se resuelva hallando la cantidad de variaciones con repetición de 10 elementos tomados de a 3.

23. a. ¿Cuántos números de cuatro cifras se pueden formar con los dígitos 0, 1, 3, 4, 5 y 9?

b. ¿En cuántos de ellos las cifras son distintas?

c. ¿Qué cantidad de los números correspondientes al ítem a. son múltiplos de 5?

Problema VII

En el coro de una escuela, participan 18 chicas y 9 chicos. El director de dicho coro debe elegir 4 voces masculinas y 5 voces femeninas para interpretar una canción.

a. ¿De cuántas maneras puede seleccionar el director las voces masculinas?

_____

_____

b. ¿Cuántas elecciones de voces femeninas puede realizar el director?

_____

_____

24. a. ¿Cuántos números de cuatro cifras se pueden formar con los dígitos 0, 2, 4, 6, 8 y 9?

b. ¿Qué cantidad de ellos es múltiplo de 5?

c. ¿Cuántos de los números anteriores son capicúas?

d. ¿Qué cantidad de los números anteriores tienen sus cifras distintas?

25. En un concurso literario, se entregan 3 premios diferentes. Si se seleccionan 30 obras, ¿de cuántas maneras pueden otorgarse los premios?

26. Demuestren estas propiedades de los números combinatorios.

a. $\binom{m}{1} = m$

b. $\binom{m}{0} = 1$

27. a. En un club, 20 socios se postularon para cubrir los cargos de presidente, secretario y tesorero de la comisión directiva. ¿De cuántas formas diferentes puede hacerse la elección?

b. Otros 20 socios se postularon para integrar una comisión de control. ¿De cuántas maneras distintas pueden estos ser seleccionados?

Problema VIII

Sofía quiere ubicar en fila, en un estante de la repisa de su habitación, sus álbumes de fotos. Tiene 4 álbumes rojos, 2 azules y 3 violetas. Si los álbumes de un mismo color son exactamente iguales, ¿de cuántas maneras puede Sofía colocar sus álbumes?

28. Se dispone de 10 tarjetas, que tienen impreso un número. De ellas, hay cuatro con el número 1, tres con el 2, dos con el 3 y una con el 4.

a. ¿Cuántos números se pueden formar utilizando todas las tarjetas si las que poseen el mismo número son idénticas entre sí?

b. ¿Qué cantidad de esos números son impares?

29. Paula tiene 17 compañeros de trabajo y solo puede invitar a 5 de ellos a cenar a su casa.

a. ¿De cuántas formas puede elegir Paula a sus invitados si no quiere invitar a Luis y a Rita juntos?

b. ¿Cuántos grupos de comensales tiene Paula para seleccionar si ya decidió que Luis y Esteban debían ser invitados?

30. En un barco, se dispone de 10 banderas de colores para hacer señales. 3 son rojas, 2 azules, 2 verdes y 3 amarillas. Si las banderas de un mismo color son idénticas, ¿cuántas señales pueden exhibirse desde el mástil del barco utilizando:

a. 4 banderas?

b. 5 banderas?

c. 8 banderas?

d. todas las banderas?

Problema IX

Se llaman anagramas a los diferentes ordenamientos de las letras de una palabra, tengan o no significado. ¿Cuántos anagramas pueden formarse permutando las letras de la palabra MATEMÁTICA?

11. ¿Cuántos anagramas pueden formarse, en cada caso, permutando las letras de las siguientes palabras?

a. NABUCODONOSOR

b. PALEONTÓLOGO

12. a. ¿Cuántos anagramas pueden realizarse con 3 vocales y 3 consonantes?

b. ¿Cuántos de ellos no tienen juntas ni 2 vocales ni 2 consonantes? (Recuerden que el abecedario español se compone de 22 consonantes y 5 vocales.)

Problema X

En un edificio de 7 pisos, hay 10 personas en un ascensor que para en todos los pisos. ¿De cuántas maneras pueden bajar esas personas en los diferentes pisos si en ningún piso sube gente al ascensor y no importa en qué orden bajen las personas que están en él?

13. Consideren n puntos P_1, P_2, ..., P_n del plano, de tal manera que 3 cualesquiera de ellos no estén alineados.

a. ¿Cuántas rectas pueden determinarse con esos puntos?

b. ¿Cuántos triángulos tienen sus vértices en los puntos considerados?

c. ¿Cuántas rectas pasan por el punto P_1?

35. En un curso de 4° año hay 40 alumnos.
a. Seis alumnos serán elegidos para preparar una clase especial de Geografía.
¿De cuántas maneras puede realizarse esta elección?

b. ¿De cuántas formas puede hacerse la elección si Tomás y Martín pidieron que si se elegía a uno, también se eligiera al otro?

c. Para participar de un concurso televisivo de preguntas y respuestas, se va a seleccionar a 14 de los alumnos del curso. ¿De cuántas maneras pueden ser seleccionados esos alumnos?

35. Andrea posee 15 bolitas idénticas para guardar en 8 cajas.
a. ¿De cuántas formas puede hacerlo si pueden quedar cajas sin ninguna bolita?

b. ¿Cuántas maneras tiene Andrea de guardar las bolitas si quiere que en cada caja haya por lo menos una bolita?

36. Hallen la cantidad de anagramas que pueden formarse, en cada caso, permutando las letras de las siguientes palabras:

a. MURCIÉLAGO

b. ODONTÓLOGO

c. FERROCARRIL

d. PARTICIPACIONES

37. ¿De cuántas formas diferentes se pueden colocar 15 palomas en 9 jaulas vacías?

18. a. Un grupo de 6 chicas y 5 chicos van a un recital para el cual consiguieron asientos contiguos. ¿De cuántas maneras pueden sentarse si deciden que dos personas del mismo sexo no se van a sentar juntas?

b. ¿Y si son 5 chicas y 5 chicos los que concurren al recital?

19. Considerando dos rectas paralelas, 20 puntos distintos sobre una y 12 puntos distintos sobre la otra, ¿cuántos triángulos con vértice en esos puntos es posible determinar?

40. En una fábrica se quiere contratar a 3 hombres y 2 mujeres como operarios. Si se presentan a la selección 8 hombres y 6 mujeres, ¿de cuántas formas distintas pueden los postulantes ocupar los cinco puestos?

41. ¿Cuántas mezclas de 2 colores, en idénticas cantidades, se pueden realizar con 10 latas de pintura de distintos colores?

42. En un concurso de pintura, se entregan 4 premios diferentes. Si en el concurso participan 40 obras, ¿de cuántas formas diferentes pueden distribuirse los premios?

43. Se extraen 3 cartas de un mazo de 40 cartas españolas.
a. ¿Cuántos tríos distintos es posible extraer?

b. ¿En cuántos de ellos hay una carta de oro?

c. ¿En cuántos tríos hay un 6 y un 7 del mismo palo?

44. Florencia tiene 25 botones idénticos para guardar en 10 cajas.
a. ¿De cuántas formas puede hacerlo si pueden quedar cajas sin ningún botón?

b. ¿De cuántas maneras puede Florencia guardar los botones si quiere que en cada caja haya por lo menos un botón?

Binomio de Newton

Problema XI

a. ¿Cuál es el coeficiente de $a^2 b$ en el desarrollo de $(a + b^2)$?

b. Hallen el coeficiente de $a^3 b^2$ en el desarrollo de $(a + b)^4$. Determinen además todas las potencias de b de todos los términos de dicho desarrollo.

45. Hallen el coeficiente de $a^3 b$ en el desarrollo de $(a + b)^4$. Determinen además todas las potencias de b de todos los términos de dicho desarrollo.

46. Obtengan el coeficiente de $x^7 y^3$ en el desarrollo de $(x + y)^{10}$.

47. ¿Cuál es el coeficiente de $p^4 q^2$ en el desarrollo de $(p + q)^7$?

48. Hallen el coeficiente de $p^4 q^7$ en el desarrollo de $(5p + 8q)^{12}$.

49. Utilizando el binomio de Newton, obtengan la mínima expresión del desarrollo de $(\sqrt{3} + 1)^4$.

50. Demuestren cada una de las siguientes igualdades en las cuales $m \in \mathbb{N}$.

a. $\binom{m}{0} + \binom{m}{1} + \binom{m}{2} + \dots + \binom{m}{m} = 2^m$

b. $\binom{m}{0} - \binom{m}{1} + \binom{m}{2} - \binom{m}{3} + \dots = 0$

La calculadora

La calculadora científica permite calcular factoriales y números combinatorios.

1. Resuelvan con la calculadora estos problemas. Anoten las teclas que usan y el resultado que obtienen.

a. ¿Cuántos números de 9 cifras diferentes se pueden armar con las cifras 1, 2, 3, 4, 5, 6, 7, 8 y 9?

b. ¿Cuántos de los números anteriores tienen juntos al 1, 2 y 3?

c. ¿Cuántos de los números de a son pares?

2. Resuelvan con la calculadora estos problemas. Anoten las teclas que usan y el resultado que obtienen.

a. Marcos tiene 38 alumnos y quiere armar un grupo con 12 de ellos. ¿Cuántos grupos distintos puede armar?

b. 25 hombres y 32 mujeres participan en un taller de teatro. Se necesita un elenco de 10 hombres y 15 mujeres para hacer una obra a beneficio de un hospital. ¿Cuántos elencos distintos se pueden armar?

Contar casos

Problema I

Para calcular cuántas combinaciones diferentes del menú se ofrecen en la cantina, y no omitir ninguna de ellas, tenemos que encontrar una forma de ordenar la información. Por ejemplo, podemos ubicar en primer lugar un plato principal, luego combinarlo con todos los postres y, por último, vincular cada combinación a cada bebida. Para escribir en forma ordenada todas las combinaciones del menú, disponemos la información de la siguiente manera:

Esta forma de organizar la información recibe el nombre de **diagrama de árbol**. En él podemos observar que para el plato principal existen cuatro opciones diferentes y que por cada una de ellas hay tres postres posibles. Es decir que existen 4 · 3 combinaciones distintas de plato principal y postre. Por cada una de esas combinaciones, hay dos bebidas para elegir, con lo cual existen 4 · 3 · 2, o sea, 24, menús distintos. Entonces, en la cantina de la escuela, se pueden elegir 24 combinaciones diferentes del menú. Por lo tanto, transcurrirán 24 días hábiles para que Martín deba repetir el menú elegido.

Problema II

Este problema es similar al anterior, pues el menú también se compone de un plato principal, un postre y una bebida. La diferencia con el problema I radica en que en la cantina de la esquina de la escuela hay más variedad de opciones para elegir menú, con lo cual el diagrama de árbol resulta bastante más largo. En esta cantina se puede optar entre diez platos principales y por cada uno, escoger entre ocho postres. Entonces, existen $10 \cdot 8$ maneras de elegir el plato principal y el postre. Luego, por cada una de estas combinaciones, hay nueve bebidas para pedir. Por lo tanto, existen $10 \cdot 8 \cdot 9$ menús diferentes. Para escribir esta información, podemos usar el siguiente esquema:

$$\underset{\text{Plato principal}}{10} \cdot \underset{\text{Postre}}{8} \cdot \underset{\text{Bebida}}{9} = 720$$

Luego, en la cantina de la esquina de la escuela hay para elegir 720 combinaciones diferentes del menú.

Permutaciones

Problema III

Los cuatro chicos disponen de cuatro asientos para distribuirse. En el asiento 2, puede sentarse cualquiera de los cuatro y, una vez decidido quién ocupa ese lugar, en el asiento 4 puede sentarse cualquiera de los tres chicos restantes. Es decir que por cada una de las cuatro opciones para el asiento 2, hay tres posibilidades para el asiento 4. Luego, por cada una de esas combinaciones, existen dos opciones para el asiento 6 y sólo una para el último asiento. Escribamos esta información utilizando un esquema de la siguiente manera:

$$\underset{\text{Asiento 2}}{\overset{\text{Cantidad}}{\underset{\text{de opciones}}{4}}} \cdot \underset{\text{Asiento 4}}{3} \cdot \underset{\text{Asiento 6}}{2} \cdot \underset{\text{Asiento 8}}{1} = 24$$

Por lo tanto, Ariel, Ezequiel, Ignacio y Matías se pueden sentar de 24 maneras diferentes en los cuatro asientos.

En los problemas I y II, combinamos un plato principal con un postre y una bebida. Es decir, a partir de tres conjuntos diferentes, tuvimos que combinar un elemento de cada uno de ellos. En el problema III, hay sólo un conjunto de cuatro elementos, los chicos, al que debimos ordenar de distintas maneras. Cada una de las diferentes formas de ordenar todos los elementos de un conjunto se denomina permutación.

Llamamos permutación de m elementos distintos a cada forma diferente de ordenarlos.

Problema IV

a. Para calcular de cuántas maneras se pueden ordenar las doce canciones, debemos hallar cuántas permutaciones del conjunto formado por las doce canciones hay.

Para optar por la primera canción del disco, existen 12 temas; luego, por cada uno de ellos hay 11 posibilidades para elegir la segunda canción, y así sucesivamente, hasta que para la canción número doce existe sólo una opción. O sea:

Cantidad de opciones   12   ·   11   ·   10   · ... ·   1
                      1ª canción   2ª canción   3ª canción   12ª canción

Entonces hay: $12 \cdot 11 \cdot 10 \cdot 9 \cdot 8 \cdot 7 \cdot 6 \cdot 5 \cdot 4 \cdot 3 \cdot 2 \cdot 1 = 479.001.600$, permutaciones de los doce temas. Por lo tanto, la banda musical tiene 479.001.600 posibilidades para ordenar sus doce canciones en el compacto.

Notemos que el cálculo que resuelve el problema III y este cálculo son productos en los cuales cada factor es una unidad menor que el anterior, partiendo del número total de elementos del conjunto considerado hasta llegar a 1. Dichos productos se denominan factorial de un número.

Si m es un número natural, llamamos **factorial de** m o m factorial ($m!$), al producto de todos los números naturales menores o iguales que m. Es decir:

$$m! = m \cdot (m - 1) \cdot (m - 2) \cdot (m - 3) \cdot \ldots \cdot 3 \cdot 2 \cdot 1.$$

Por convención se define que el factorial de 0 es 1. O sea: $0! = 1$.

 La calculadora científica nos da automáticamente el factorial de un número. Para eso, primero introducimos el número cuyo factorial queremos calcular y luego, según la calculadora, pulsamos la tecla $n!$ o las teclas shift o inv y después $x!$.

Podemos observar que al calcular la cantidad de formas de ordenar m elementos, hay m posibilidades para el primer lugar por cada una de ellas, m − 1 posibilidades para el segundo lugar, y así sucesivamente, hasta que para el último lugar hay una sola posibilidad. Es decir:

Cantidad de opciones   m   ·   m − 1   ·   m − 2   · ... ·   1
                      1er lugar   2do lugar   3er lugar   m-ésimo lugar

$m!$ es la cantidad de formas de ordenar los m elementos de un conjunto, o sea, la cantidad de permutaciones de m elementos de un conjunto.

Propiedad del factorial de un número

El factorial de un número natural m es igual al producto de dicho número por el factorial del anterior a él. Es decir: m! = m · (m − 1)! pues

$$m \cdot (m-1)! = m \cdot (m-1) \cdot (m-2) \cdot (m-3) \cdot \ldots \cdot 3 \cdot 2 \cdot 1 = m!$$

Continuemos resolviendo el problema IV.

b. Como el tema "Luz de luna" tiene que estar primero y "Brisa marina" último, resta ordenar diez temas. Entonces, debemos hallar cuántas permutaciones de diez elementos hay. Resulta entonces que 10! = 3.628.800. Por lo tanto, en el disco, las canciones pueden figurar de 3.628.800 formas diferentes, estando el tema "Luz de luna" en el primer lugar y "Brisa marina" en el último.

c. Supongamos que los temas "Luz de luna", "Brisa marina" y "Tormenta" se ubican en el disco en ese orden. Entonces, considerando dicho orden, debemos ordenar las nueve canciones restantes y la terna anterior; o sea que tenemos que ordenar diez elementos. Luego, la cantidad de formas de hacerlo es 10!. Pero por cada una de esas formas existen 3! maneras de ubicar entre sí los tres temas mencionados. Por lo tanto, la cantidad de formas de ordenar los temas según lo pedido es:

$$\underset{\substack{\text{Cantidad de formas de ordenar} \\ \text{las 9 temas y el bloque de 3 temas}}}{10!} \cdot \underset{\substack{\text{Cantidad de formas de} \\ \text{ordenar los 3 temas}}}{3!} = 21.772.800$$

La banda musical tiene 21.772.800 opciones para ordenar sus canciones en el compacto, figurando en él los temas "Luz de luna", "Brisa marina" y "Tormenta" juntos, en algún orden.

Variaciones

Problema V

a. Para contestar a la primera pregunta, debemos hallar la cantidad de maneras de seleccionar a los cuatro intérpretes masculinos entre los 6 varones, con lo cual no se trata de una permutación.

Como los chicos del grupo de teatro son 6, hay seis posibles protagonistas. Pero una vez elegido el actor protagónico, quedan cinco opciones para cubrir el rol del amigo, cuatro opciones para el del padre y tres para el del tío. Entonces:

$$\underset{\text{de opciones}}{\text{Cantidad}} \quad \underset{\text{Protagonista}}{6} \cdot \underset{\text{Amigo}}{5} \cdot \underset{\text{Padre}}{4} \cdot \underset{\text{Tío}}{3} = 360$$

Por lo tanto, hay 360 maneras de elegir a los intérpretes masculinos.

b. Calcular la cantidad de posibilidades de seleccionar entre las 19 chicas a las tres necesarias para los roles femeninos, resulta:

$$\underset{\text{de opciones}}{\text{Cantidad}} \quad \underset{\text{Protagonista}}{19} \cdot \underset{\text{Madre}}{18} \cdot \underset{\text{Abuela}}{17} = 5814$$

Existen entonces 5814 formas de asignar los tres papeles femeninos entre las 19 chicas del grupo de teatro.

Notemos que la diferencia de los problemas III y IV con el V es que en este la cantidad de elementos a elegir es menor que la cantidad total de elementos disponibles para hacerlo.

Llamamos **variación sin repetición de m elementos tomados de a n**, con $n < m$, a cada forma de ordenar m elementos en n lugares, sin que un mismo elemento pueda ubicarse en más de un lugar.

La cantidad de esas variaciones se calcula así:

$$\underbrace{m}_{1^{er}\ lugar} \cdot \underbrace{(m-1)}_{2^{do}\ lugar} \cdot \underbrace{(m-2)}_{3^{er}\ lugar} \cdot \dots \cdot \underbrace{(m-n+1)}_{n\text{-ésimo lugar}}$$

Notemos que en **a.** y **b.** de este problema hallamos, respectivamente, la cantidad de variaciones sin repetición de 6 elementos tomados de a 4 y la de 19 elementos tomados de a 3.

c. Por cada una de las 360 formas de elegir un elenco masculino, hay 5814 elencos femeninos.

Luego, resulta:

$$\underbrace{360}_{\text{Elencos masculinos}} \cdot \underbrace{5814}_{\text{Elencos femeninos}} = 2.093.040$$

Por lo tanto, para la obra se pueden seleccionar 2.093.040 elencos diferentes.

Problema VI

a. Como todos los números que debemos formar pueden tener las cinco cifras iguales, entonces, para cada cifra podemos elegir cualquiera de los siete dígitos disponibles. Luego, obtenemos:

$$\underbrace{7}_{1^a\ cifra} \cdot \underbrace{7}_{2^a\ cifra} \cdot \underbrace{7}_{3^a\ cifra} \cdot \underbrace{7}_{4^a\ cifra} \cdot \underbrace{7}_{5^a\ cifra} = 7^5 = 16.807$$

Por lo tanto, con los dígitos considerados, pueden formarse 16.807 números de cinco cifras.

Llamamos **variación con repetición de m elementos tomados de a n** a cada forma de ubicar m elementos en n lugares, de modo que cada elemento puede estar en más de un lugar.

La cantidad de esas variaciones se calcula así: m^n.

Acabamos de calcular la cantidad de variaciones con repetición de 7 elementos tomados de a 5.

b. Como un número es impar si su última cifra lo es, entonces, la última cifra de los números a considerar solo puede ser 1, 3, 5 o 7. Además, en esos números de cinco cifras, se pueden repetir los dígitos, con lo cual para cada una de las cuatro primeras cifras hay siete opciones. Luego, obtenemos:

$$\underbrace{7}_{1^a\ cifra} \cdot \underbrace{7}_{2^a\ cifra} \cdot \underbrace{7}_{3^a\ cifra} \cdot \underbrace{7}_{4^a\ cifra} \cdot \underbrace{4}_{5^a\ cifra} = 7^4 \cdot 4 = 9604$$

Por lo tanto, con los dígitos dados, existen 9604 números impares de cinco cifras.

c. Recordemos que los números capicúas son aquellos que se leen igual de derecha a izquierda que de izquierda a derecha. En el caso de los números de cinco cifras, para que eso suceda, las últimas dos cifras deben ser iguales a las dos primeras, o sea que para la cuarta cifra, la única opción es el dígito que se ubicó en la segunda cifra y para la quinta, el que se colocó en la primera cifra. Por ejemplo, el número 12.321 es un número capicúa de cinco cifras.
Luego, resulta:

$$\underset{1^a \text{ cifra}}{7} \cdot \underset{2^a \text{ cifra}}{7} \cdot \underset{3^a \text{ cifra}}{7} \cdot \underset{4^a \text{ cifra}}{1} \cdot \underset{5^a \text{ cifra}}{1} = 7^3 = 343$$

En este esquema, podemos observar que, como las últimas dos cifras coinciden con las dos primeras, la cantidad de números capicúas de cinco cifras que se pueden formar con los dígitos dados es igual a la de los números de tres cifras que pueden formarse con esos mismos dígitos. Por lo tanto, con los dígitos considerados hay 343 números capicúas de cinco cifras.

Combinaciones

Problema VII

a. Si realizamos un esquema como en los problemas anteriores, obtenemos:

$$\underset{1^{er} \text{ chico}}{9} \cdot \underset{2^o \text{ chico}}{8} \cdot \underset{3^{er} \text{ chico}}{7} \cdot \underset{4^o \text{ chico}}{6} = 3024$$

Notemos que, si bien hemos calculado las variaciones sin repetición de 9 elementos tomados de a 4, en el resultado obtenido estamos contando los grupos de voces masculinas más de una vez, pues en la selección de dichas voces no importa el orden en que se elija a los chicos. Por ejemplo, si cuatro de los postulantes son Juan, Lucas, Andrés y Carlos, aunque el director los puede elegir en diferente orden, el grupo elegido es el mismo, o sea, los grupos Lucas, Carlos, Andrés y Juan, o Andrés, Lucas, Juan, Carlos, o Juan, Lucas, Andrés y Carlos, entre otros, son el mismo grupo.
Para determinar la cantidad de veces que hemos repetido una misma elección, calculamos la cantidad de permutaciones de cuatro elementos: 4! = 24. Luego, si a cada grupo lo hemos contado 24 veces, la cantidad de elecciones diferentes es 3024 : 24 = 126. Entonces, el director del coro tiene 126 maneras diferentes de seleccionar las cuatro voces masculinas.
b. Para hallar la cantidad de grupos de voces femeninas, procedemos de la misma manera que en el ítem anterior. En primer lugar, calculamos las variaciones sin repetición de 18 elementos tomados de a 5: $18 \cdot 17 \cdot 16 \cdot 15 \cdot 14$. A continuación, para contar cada grupo una sola vez, dividimos la expresión anterior por el número de permutaciones de cinco elementos, o sea, por 5!. Luego, obtenemos: $\dfrac{(18 \cdot 17 \cdot 16 \cdot 15 \cdot 14)}{5!} = 8568$. Por lo tanto, el director del coro puede realizar 8568 elecciones de voces femeninas.

Llamamos **combinación de m elementos tomados de a n**, con m ≥ n, a cada forma de seleccionar n elementos distintos de entre m elementos, sin importar el orden en el que aquellos se seleccionan.

Escribamos la expresión: $\dfrac{(18 \cdot 17 \cdot 16 \cdot 15 \cdot 14)}{5!}$ (1), obtenida en **b.**, utilizando factoriales. Para eso, multipliquemos y dividamos la expresión (1) por los números naturales necesarios para que su numerador sea 18!:

$$\frac{18 \cdot 17 \cdot 16 \cdot 15 \cdot 14}{5!} \cdot \frac{13 \cdot 12 \cdot 11 \cdot 10 \cdot 9 \cdot 8 \cdot 7 \cdot 6 \cdot 5 \cdot 4 \cdot 3 \cdot 2 \cdot 1}{13 \cdot 12 \cdot 11 \cdot 10 \cdot 9 \cdot 8 \cdot 7 \cdot 6 \cdot 5 \cdot 4 \cdot 3 \cdot 2 \cdot 1} = \frac{18!}{5! \, 13!}$$

Notemos que lo que hicimos fue multiplicar y dividir la expresión (1) por 13! = (18 − 5)!.
El número definido por la expresión (2) recibe el nombre de número combinatorio.

Llamamos número combinatorio m, n y lo denotamos $\begin{pmatrix} m \\ n \end{pmatrix}$ a:

$\begin{pmatrix} m \\ n \end{pmatrix} = \dfrac{m!}{n! \cdot (m - n)!}$, donde $m \in \mathbb{N} \cup \{0\}$, $n \in \mathbb{N} \cup \{0\}$ y $n \leq m$.

El número combinatorio $\begin{pmatrix} m \\ n \end{pmatrix}$ es la cantidad de combinaciones de m elementos tomados de a n.

Propiedades de los números combinatorios

Problema VIII

Sofía tiene en total 14 álbumes que quiere colocar en fila en 14 lugares de un estante. Para elegir la ubicación de los 3 álbumes rojos, Sofía debe optar por tres de los catorce lugares disponibles. Como a los álbumes del mismo color no se los puede distinguir, el orden en que estos se ubiquen no influye en la resolución del problema. Luego, la cantidad de posibilidades de colocar los álbumes rojos es $\begin{pmatrix} 14 \\ 3 \end{pmatrix}$. Por ejemplo, Sofía podría elegir, para acomodar los 3 álbumes rojos, los lugares 1, 6 y 14:

	X				X								X
lugar 1	lugar 2	lugar 3	lugar 4	lugar 5	lugar 6	lugar 7	lugar 8	lugar 9	lugar 10	lugar 11	lugar 12	lugar 13	lugar 14

Una vez ubicados los álbumes rojos, quedan 14 − 3 = 11, lugares para ser ocupados por los restantes álbumes. De esos 11 lugares, Sofía selecciona 2 para los álbumes azules. Luego, la cantidad de maneras de hacer esa elección es $\begin{pmatrix} 11 \\ 2 \end{pmatrix}$. Por ejemplo, Sofía podría optar por los lugares 2 y 8 para colocar los 2 álbumes azules:

X					X								
lugar 1	lugar 2	lugar 3	lugar 4	lugar 5	lugar 6	lugar 7	lugar 8	lugar 9	lugar 10	lugar 11	lugar 12	lugar 13	lugar 14

Por cada elección de los lugares para ubicar los álbumes rojos, hay $\binom{11}{2}$ posibilidades de elegir las ubicaciones para los álbumes azules. Por lo tanto, la cantidad de maneras de distribuir los álbumes rojos y azules en los 14 lugares del estante es:

$$\binom{14}{3} \qquad \binom{11}{2}$$

$\downarrow$ Para los álbumes rojo, Sofía elige 3 lugares de los 14 que hay $\downarrow$ Para los álbumes rojo, Sofía elige 2 lugares de los 11 que hay

Una vez ubicados los álbumes rojos y azules, quedan libres 9 lugares, que serán ocupados por los álbumes violetas.

Entonces, la cantidad de ubicaciones diferentes de todos los álbumes es:

$$\binom{14}{3} \cdot \binom{11}{2} = \frac{14!}{3!(14-3)!} \cdot \frac{11!}{2!(11-2)!} = \frac{14!}{3! \, 11!} \cdot \frac{11!}{2! \, 9!} = \frac{14!}{3! \, 2! \, 9!} = 20.020.$$

Por lo tanto, Sofía puede ordenar sus álbumes de 20.020 maneras.

Problema IX

La palabra MATEMÁTICA tiene 10 letras: 2 M, 2 T, 3 A, 1 C, 1 E y 1 I.

Para hallar la cantidad de anagramas pedidos, podemos utilizar un razonamiento similar al empleado en el problema VIII, ya que en un anagrama las letras iguales no son distinguibles. Es decir, si en uno de los anagramas de la palabra MATEMÁTICA cambiamos sólo las letras A de lugar, no obtenemos un anagrama distinto.

Elijamos, por ejemplo, las ubicaciones para las M. Hay $\binom{10}{2}$ formas diferentes de ubicar esas letras. Una vez distribuidas las M, la cantidad de lugares disponibles para las demás letras es $10 - 2 = 8$. Si ahora ubicamos las T, el número de posibilidades para hacerlo es $\binom{8}{2}$. Si a continuación distribuimos las A, como los lugares disponibles para eso son $8 - 2 = 6$, podemos elegir $\binom{6}{3}$ ubicaciones para dichas letras. Luego, restan 3 lugares para colocar una E, una C y una I, con lo cual hay 3! maneras diferentes de ubicarlas.

Para calcular el total de anagramas que podemos obtener con las letras de la palabra MATE-MÁTICA, debemos realizar el siguiente cálculo:

$$\binom{10}{2} \cdot \binom{8}{2} \cdot \binom{6}{3} \cdot 3! = \frac{10!}{2! \, 8!} \cdot \frac{8!}{2! \, 6!} \cdot \frac{6!}{3! \, 3!} \cdot 3! = \frac{10!}{2! \, 2! \, 3!} = 151.200$$

$\downarrow$ cantidad de maneras de ubicar las 2 M en 10 lugares $\downarrow$ cantidad de maneras de ubicar las 2 T en los 8 lugares restantes $\downarrow$ cantidad de maneras de ubicar las 3 A en los 6 lugares restantes $\downarrow$ cantidad de maneras de ubicar las últimas E, C e I en los 3 lugares restantes

Por lo tanto, hay 151.200 anagramas que pueden formarse permutando las letras de la palabra MATEMÁTICA.

Problema X

Como el orden en el que las personas bajen del ascensor no importa, estas son indistinguibles. Analicemos algunas de las maneras en que pueden bajar las personas en los diferentes pisos. Para eso dibujamos el siguiente esquema:

Formemos en este esquema 7 grupos que correspondan a los diferentes pisos y utilicemos una línea vertical para indicar cada una de las divisiones entre dichos grupos.

Luego, una de las posibles opciones es esta:

En esta alternativa, deducimos que bajaron dos personas en el primer piso, una en el segundo, una en el tercero, dos en el cuarto, una en el quinto, dos en el sexto y una en el séptimo.

Otra posible opción es la siguiente:

En este caso, concluimos que bajó una persona en el primero, tres en el segundo, ninguna en el tercero, dos en el cuarto, dos en el quinto, una en el sexto y una en el séptimo piso. A través de las dos opciones anteriores, podemos deducir que en total hay 16 lugares para ubicar las 6 líneas, que indican la división entre grupos, y las 10 siluetas, que representan a las personas. Si elegimos 6 de esos lugares para ubicar las líneas, tenemos entonces $\binom{16}{6}$ opciones diferentes. Una vez seleccionadas esas posiciones, las siluetas de las personas no disponen de otra alternativa que ocupar los restantes lugares. Luego, la cantidad de maneras diferentes en que las 10 personas pueden bajar en los 7 pisos es $\binom{16}{6}$.

Notemos que si en lugar de seleccionar los 6 lugares para las líneas, elegimos los 10 lugares para las siluetas de las personas, obtenemos: $\binom{16}{10} \Big\downarrow \binom{16}{10-10} = \binom{16}{6}$

por una de las propiedades de la página 194

Binomio de Newton

Problema XI

a. Como $(a + b)^3 = (a + b) \cdot (a + b) \cdot (a + b)$, para obtener el coeficiente de a b, debemos hallar cuántas veces aparece este término al aplicar la propiedad distributiva en $(a + b) \cdot (a + b) \cdot (a + b)$. Eso lo podemos obtener a través de un diagrama de árbol:

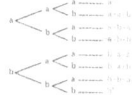

b. En el desarrollo de $(a + b)^8$, el término $a^5 b^3$ figura tantas veces como anagramas existen con las letras aaaaabbb, o sea, $\binom{8}{5} = \binom{8}{3} = 56$, en el desarrollo de $(a + b)^8$ el coeficiente de $a^5 b^3$ es 56.

Determinemos las potencias de b de los otros términos del desarrollo de $(a + b)^8$ y el coeficiente de estas. En cada uno de esos términos, debe haber ocho letras, con lo cual en ellos figuran a^8, $a^7 b$, $a^6 b^2$, $a^5 b^3$, $a^4 b^4$, $a^3 b^5$, $a^2 b^6$, $a b^7$ y b^8. Para obtener el coeficiente de cada término, utilizamos un razonamiento similar al empleado para $a^5 b^3$. Luego, resulta:

	Potencia de b	Coeficiente del término		Potencia de b	Coeficiente del término
a^8	0	$\binom{8}{0}$	$a^3 b^5$	5	$\binom{8}{5}$
$a^7 b$	1	$\binom{8}{1}$	$a^2 b^6$	6	$\binom{8}{6}$
$a^6 b^2$	2	$\binom{8}{2}$	$a b^7$	7	$\binom{8}{7}$
$a^5 b^3$	3	$\binom{8}{3}$	b^8	8	$\binom{8}{8}$
$a^4 b^4$	4	$\binom{8}{4}$			

Generalicemos estos resultados para una potencia cualquiera del binomio a + b. Esta generalización se llama **binomio de Newton**.

$$(a + b)^n = \binom{n}{0} \cdot a^n + \binom{n}{1} \cdot a^{n-1} \cdot b + \binom{n}{2} \cdot a^{n-2} \cdot b^2 + \ldots +$$

$$+ \binom{n}{n-1} \cdot a \cdot b^{n-1} + \binom{n}{n} \cdot b^n = \sum_{i} \binom{n}{i} \cdot a^{n-i} \cdot b, \text{ donde } a \in \mathbb{R}, \ b \in \mathbb{R}, \ y \ n \in \mathbb{N} \cup \{0\}.$$

1. En un recital a beneficio de una escuela, van a cantar 9 bandas de rock y aún no se ha determinado en qué orden lo harán.

a. ¿De cuántas maneras se puede ordenar la aparición de las bandas?

b. Si la banda oficial de la escuela debe cantar en último lugar, ¿cuántas formas hay de ordenar la aparición de las bandas?

2. En un club de barrio, los chicos del equipo de fútbol se propusieron diseñar su camiseta. Eligieron 3 colores diferentes para hacer franjas, pero no se ponen de acuerdo en cuanto a las siguientes cuestiones: si la camiseta va a tener 3 o 6 franjas, si las franjas van a ser verticales u horizontales, el orden en que van los colores y si la parte de atrás de la camiseta va a ser lisa o no. Después de conversarlo, decidieron primero realizar todos los diferentes modelos y luego elegir uno de ellos. ¿Entre cuántos modelos de camisetas tendrán los chicos que elegir la suya?

3. Cuatro parejas quieren ir juntas al cine, para lo cual adquieren 8 asientos contiguos.

a. ¿De cuántas maneras pueden sentarse?

b. Si en cada pareja sus integrantes deciden sentarse uno al lado del otro, ¿cuántas formas tienen de ocupar los asientos?

c. ¿De cuántas opciones disponen para ubicarse si las mujeres quieren estar juntas?

4. Malena ganó en un sorteo una juguera y para estrenarla desea probar los sabores que puede obtener usando una, dos o tres frutas diferentes de las 8 variedades que tiene en su casa. ¿Qué cantidad de sabores puede Malena obtener con su extractor de jugos?

5. Con los dígitos 1, 2, 3, 4, 5 y 6, ¿cuántos números...

a. de seis cifras se pueden formar?

b. de seis cifras distintas existen?

c. de cinco cifras que sean múltiplos de 5 hay?

d. menores que 400 existen?

e. impares menores que 200 hay?

6. Por un aviso de un diario, en el que se solicitaban promotoras, se presentaron 200 chicas que cumplían con los requisitos pedidos. ¿Cuántas selecciones diferentes se pueden hacer si se necesitan 5 promotoras?

7. Seis amigos suben a un colectivo vacío. ¿De cuántas maneras pueden elegir sentarse en 20 asientos?

8. Se tienen tres tarjetas idénticas con el número 1, otras dos también idénticas con el número 2, otra con el número 3 y una con el número 4.
   a. ¿Qué cantidad de números se pueden formar con esas tarjetas?

   b. ¿Cuántos de los números correspondientes al ítem a. son pares?

9. Una empresa tiene 20 empleados de los cuales 8 son varones. El gerente de personal desea seleccionar entre los empleados a un grupo compuesto por 3 hombres y 3 mujeres. De cuántas maneras puede el gerente hacerlo si:
   a. no hay restricciones para ello.

   b. dos de los hombres no pueden integrar ambos el grupo.

   c. uno de los hombres y una de las mujeres no tienen que estar juntos en el grupo.

   d. Silvia, que ha sido elegida, solo participará en el grupo si Claudia también es seleccionada.

10. En un festival de cine, concursaron 50 películas. Los premios que se van a entregar son: una estatuilla de oro, una de plata, una de bronce y cinco menciones iguales. ¿De cuántas maneras distintas se pueden asignar los premios?

11. La escuela recibió como donación 3 ejemplares del *Martín Fierro*, 2 de *Don Segundo Sombra* y 5 de *Cien años de soledad*. La dirección decidió entregarlos como premio a los diez mejores promedios de la escuela. ¿De cuántas maneras diferentes puede la dirección entregar dichos ejemplares?

12. En nuestro país, las patentes de los automotores constan de 3 letras seguidas de 3 números. ¿Cuántos automotores es posible patentar? (Consideren que de las 27 letras del abecedario español no se utiliza la ñ.)

13. Obtengan la cantidad de anagramas que pueden formarse, en cada caso, permutando las letras de las siguientes palabras:
    a. BONAERENSE

    b. OROZCO

14. ¿Cuál es el coeficiente de $a^8 b^3$ en el desarrollo de $(a + b)^{11}$?

10

Probabilidad

La probabilidad es la rama de la Matemática que mide la incertidumbre. Debido a eso, es muy utilizada para analizar las posibilidades de ganar en juegos de azar. Sin embargo, sus aplicaciones se diversifican en numerosas disciplinas, como Física, Genética, Astronomía, Medicina, Economía y Sociología, entre otras.

Cálculo de probabilidades

Problema 1

En el casino de una ciudad, hay un juego que consiste en extraer, de a una, 2 cartas de un mazo de 48 cartas españolas. Para apostar en dicho juego, se puede elegir entre las siguientes posibilidades:

I. Las dos cartas extraídas son del mismo palo.

II. Solo una de las cartas extraídas es de oro.

a. Si en ambos casos se gana la misma proporción de dinero sobre lo apostado, ¿a cuál de las dos opciones es más conveniente apostar?

b. Si un apostador comienza a jugar cuando ya se extrajo la primera carta y esta no era de oro, ¿a qué opción le conviene apostar?

1. Definan, en cada caso, el espacio muestral de la experiencia que se indica y calculen el cardinal de dicho espacio muestral.

a. Tirar una moneda equilibrada dos veces.

b. Lanzar un dado equilibrado.

c. Arrojar una moneda y un dado equilibrados.

d. Sacar al azar una carta de un mazo de 52 cartas de póker.

e. Tirar un dado equilibrado y extraer al azar una carta de un mazo de 48 cartas españolas.

f. Sacar una bolita de una caja que contiene 5 bolitas verdes, 2 bolitas rojas y 3 bolitas azules, todas de igual tamaño.

g. Extraer al azar 3 tarjetas de una urna en la que hay 10 tarjetas del mismo tamaño numeradas con los dígitos del 0 al 9.

2. Hallen la probabilidad de estos sucesos que corresponden, respectivamente, a cada una de las experiencias indicadas en la actividad 1.

a. Que salga cara en la primera tirada.

b. Que el número obtenido sea menor que 4.

c. Que salga cara en la moneda y un número primo en el dado.

d. Que la carta sacada sea una figura.

e. Que en el dado se obtenga un número mayor que 5 y la carta extraída sea de oro.

f. Que la bolita sacada sea azul.

g. Que el número resultante termine en 3 o en 5.

3. Calculen la probabilidad de que al tirar tres veces una moneda equilibrada se obtenga:

a. Por lo menos una cara.

b. Exactamente 2 cecas.

c. Las tres monedas iguales.

4. Ariel saca al azar 2 caramelos de una bolsa que contiene 40 caramelos masticables y 20 caramelos duros. ¿Cuál es la probabilidad de que:

a. ambos caramelos sean masticables?

b. uno solo sea masticable?

c. por lo menos uno de los dos caramelos sea masticable?

5. Se lanzan tres dados equilibrados de distintos colores y se anota la suma de los números que se obtiene en ellos.

a. ¿Cuántos elementos tiene el espacio muestral?

b. Si el suceso A es que los números que salen sumen 3, ¿qué elementos tiene el suceso A?

c. ¿Cuáles son los elementos del suceso B, si este es que la suma de los números obtenidos sea 18?

d. Si al suceso de que *los números que salen sumen 13* se lo llama C, ¿qué elementos pertenecen al suceso C?

e. Calculen la probabilidad de cada uno de los sucesos anteriores.

f. Hallen la probabilidad de que la suma de los números obtenidos en los dados sea 9 y en uno de los dados salga 6.

5. Obtengan la probabilidad de que al extraer al azar dos cartas, de a una por vez, de un mazo de 48 cartas españolas resulte que:

a. la primera carta sea de basto y la segunda, una figura.

b. solamente una de las cartas sea un as.

c. solo una de las cartas sea una figura y ambas cartas sean de espada.

d. las dos cartas sean una figura y solo una de ellas sea de espada.

6. De una lata en la que hay 30 galletitas de chocolate y 50 de agua, Dalia extrae una galletita y luego otra.

a. ¿Cuál es la probabilidad de que las galletitas extraídas sean de chocolate?

b. ¿Cuál es la probabilidad de que solo una de las galletitas sea de chocolate?

c. Si la primera galletita que extrajo Dalia fue de chocolate, ¿cuál es la probabilidad de que la segunda galletita sea de agua?

6. Se lanza un dado equilibrado. Si sale un número par, se saca una carta de un mazo de póquer, y si sale un número impar, se tira otra vez el dado. Decidan si los siguientes sucesos A y B son independientes.

A: Que la carta sacada sea de corazones.
B: Que el número que sale en el dado en la segunda tirada sea impar.

Problema II

Dos chicos juegan a lanzar dos dados equilibrados, uno rojo y uno azul. El juego se gana cuando los números obtenidos en cada dado suman 5 o cuando uno sale un 6. ¿Cuál es la probabilidad de ganar?

9. De una urna que contiene 4 bolitas rojas, 2 azules y 5 verdes, todas de igual tamaño, se extraen sucesivamente dos bolitas al azar. Determinen si los siguientes sucesos C y D son independientes.

C: Que la primera bolita extraída sea azul.   D: Que la segunda bolita sacada sea roja.

10. Se tira tres veces un dado equilibrado.

a. Si en las dos primeras tiradas salen números pares, ¿cuál es la probabilidad de que en la tercera tirada salga un múltiplo de 3?

b. Si en la primera tirada sale el 1, ¿cuál es la probabilidad de que se obtenga el 1 nuevamente?

c. Si en la primera tirada salió un número par y en la segunda un 3, ¿cuál es la probabilidad de que salga un número menor que 3 en la tercera tirada?

11. Las letras de la palabra ESTEREOTIPADO se escriben en diferentes tarjetas que se colocan en una caja. Se saca al azar primero una tarjeta, que no se la vuelve a introducir en la caja, y luego se saca otra. Calculen la probabilidad de estos sucesos:

a. Que la segunda tarjeta tenga una vocal si la primera tiene una consonante.

b. Que la segunda tarjeta tenga una A si la primera tiene una E.

c. Que las dos tarjetas tengan la misma letra.

d. Que la primera tarjeta tenga una vocal si la segunda tiene una consonante.

12. Para cubrir una guardia, el director de un hospital necesita elegir un grupo de médicos compuesto por 2 pediatras y 1 clínico. Si se dispone de 10 pediatras y 7 clínicos, ¿cuál es la probabilidad de que en el grupo que elija el director no estén juntos el doctor Pérez y el doctor Sánchez, que son pediatras?

13. Los sucesos A y B, pertenecientes a un mismo espacio muestral, verifican que:

$$P(A) = \frac{3}{7} \ , \ P(B) = \frac{5}{7} \ \text{y} \ P(A \cup B) = \frac{6}{7}$$

a. ¿Son independientes? ¿Por qué?

b. Hallen $P(A \cap B)$ y $P(A/B)$.

14. Los sucesos A, B y C, pertenecientes a un mismo espacio muestral M, verifican que:

$$M = A \cup B \cup C, \ P(A) = \frac{2}{9} \ , \ P(B) = \frac{5}{9} \ , \ P(A \cup B) = \frac{2}{3} \ , \ C \cap A = \emptyset \ \text{y} \ C \cup B = \emptyset.$$

a. Calculen $P(A \cap B)$ y $P(A/B)$.

b. ¿Son independientes los sucesos A y B? ¿Por qué?

c. Encuentren el valor de $P(C)$.

d. Obtengan el valor de $P(A \cup C)$.

15. En una experiencia, los sucesos A y B son independientes, $P(A) = 0,2$ y $P(A \cup B) = 0,4$.

a. Calculen $P(B)$.

b. Calculen $P[(A \cap B)/A]$.

16. Un juego consiste en tirar un dado y dos monedas idénticas equilibrados. El jugador gana si en su tirada sale un número par y múltiplo de 3 en el dado y dos caras en las monedas. Si el jugador tira 10 veces el dado y las monedas, ¿cuál es la probabilidad de que:

a. gane exactamente 5 veces?

b. gane por lo menos en 5 tiradas?

c. gane a lo sumo en 5 oportunidades?

17. Del total de los 15 alumnos de un curso, 9 son nadadores y 7 son corredores. Entre las 10 chicas del curso, 4 nadan, 5 corren, y 3 nadan y corren. De los chicos del curso, solo 2 son nadadores y corredores. Si se selecciona al azar a uno de los alumnos de ese curso, ¿cuál es la probabilidad de que:

a. sea varón y nadador?

b. sea mujer y corra?

c. sea varón, corredor y nadador?

d. corra si se sabe que nada?

e. nade si se sabe que es mujer?

f. no sea ni nadador ni corredor?

18. Se lanzan juntos una moneda equilibrada y dos dados equilibrados de distinto color. Calculen la probabilidad de que:

a. salga ceca en la moneda o la suma de los números obtenidos en los dados sea 9.

b. el número que sale en un dado sea par o el que sale en el otro dado sea 4.

c. salga cara en la moneda o el número que se obtiene en uno de los dados sea par.

19. Una mujer y dos hombres están esperando el colectivo. Cuando este llega, ¿cuál es la probabilidad de que la mujer sea la primera o la última en subir?

Problema III

En una empresa que fabrica dados, se exige un dado al azar y se lo prueba para determinar si está equilibrado, es decir, para determinar si cada cara tiene la misma probabilidad de salir. Se lanza ese dado 500 veces y se arma la tabla con la cantidad de veces que aparece cada cara:

Número del dado	1	2	3	4	5	6
Veces que se repite	148	40	57	59	54	142

a. ¿Está equilibrado el dado elegido?

b. ¿Qué probabilidad se le puede asignar a cada una de las caras del dado seleccionado?

20. En la tabla se anotaron las repeticiones que corresponden a la experiencia de lanzar 1000 veces una moneda.

a. ¿Está equilibrada la moneda? ¿Cómo se dieron cuenta?

b. Si la respuesta anterior fue negativa, hallen la probabilidad que se le puede asignar a cada cara.

Problema IV

En uno de los puestos de una kermés hay dos ruletas, cuyos dibujos son los siguientes:

 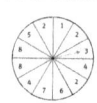

Si los discos de las ruletas giran simultáneamente y las agujas permanecen fijas, ¿cuál es la probabilidad de que:

a. salga naranja en la primera ruleta?

b. se obtenga verde en la primera ruleta y 3 en la segunda?

c. salga naranja en la primera ruleta o 2 en la segunda?

21. En una juguetería hay dos bolsas con bolitas del mismo tamaño. La primera bolsa contiene 3 bolitas rojas y 2 bolitas verdes, y la segunda bolsa tiene 4 bolitas rojas y 5 verdes. Un niño extrae al azar una bolita de la primera bolsa, mira su color, la coloca en la segunda bolsa y luego saca una bolita de ella. Hallen la probabilidad de que:

a. ambas bolitas sean rojas.

b. las dos bolitas sean de distinto color.

c. ambas bolitas sean verdes.

d. la segunda bolita sea verde sabiendo que la primera fue roja.

e. la primera bolita sea roja si la segunda bolita fue verde.

Problema V

En un colegio, los alumnos de los cursos A y B de 6° año se deben juntar con el [resto, para organizar las condiciones del viaje de egresados. Para no mezclar con todos los alumnos juntos, el sorteo elección fue ello con una cantidad formada por 8 de esos alumnos, si el curso A tiene 20 alumnos y el B tiene 30 alumnos, ¿cuál es la probabilidad de que, eligiendo al azar entre todos los alumnos de dichos cursos, la cantidad esté integrada por más alumnos del curso B que del A?]

22. Para conformar un grupo de debate de un congreso docente, deben elegirse a 6 personas entre 50 profesores de Historia, 20 de Biología y 40 de Matemática. ¿Cuál es la probabilidad de que:

a. todos los profesores seleccionados sean de Biología?

b. ninguno de los docentes de Matemática integre el grupo de debate?

c. se seleccione al menos a tres profesores de Historia?

d. a lo sumo tres de los integrantes del grupo de debate sean de Historia?

e. se elija por lo menos a un profesor de cada disciplina?

23. De un grupo de 12 personas, 6 son morochas, 4 tienen los ojos azules y 7 son morochas o tienen los ojos azules. Se selecciona al azar una persona de ese grupo. Determinen la probabilidad de que:

a. sea morocha y tenga ojos azules.

b. no tenga los ojos azules.

c. sea morocha si se sabe que tiene los ojos azules.

24. Se hace girar la aguja de una ruleta cuyo dibujo es el siguiente:

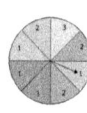

Consideren los siguientes sucesos:
N: que salga naranja,
V: que salga verde,
A: que salga azul,
C: que salga celeste,
U: que salga el número 1,
D: que salga el 2 y
T: que salga el 3.

Calculen la probabilidad de:

a. N
b. U
c. U si ocurrió N
d. D dado A
e. T
f. C y T
g. N si ocurrió D

25. Se pone a girar el disco de una ruleta con la aguja fija. El dibujo de dicha ruleta es éste:

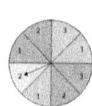

Tomen en cuenta los siguientes sucesos:
N: que se obtenga naranja,
V: que se obtenga verde,
C: que se obtenga celeste,
U: que se obtenga el 1,
D: que se obtenga el 2 y
T: que se obtenga el 3.

Calculen la probabilidad de:

a. T
b. N
c. V y T
d. T dado V
e. D
f. V si ocurrió D
g. N dado U

26. En una empresa de selección de personal, debe elegirse a 2 personas para cubrir los puestos de secretaria y recepcionista. La cantidad de postulantes es 20, de las cuales 5 son rubias y 15 morochas. ¿Cuál es la probabilidad de que las mujeres seleccionadas tengan el mismo color de cabello?

27. Una asamblea barrial está compuesta por 100 vecinos, de los cuales 54 son hombres y 45 trabajan. La probabilidad de que al elegir al azar a uno de esos vecinos este sea trabajador, sabiendo que es hombre, es $\frac{2}{9}$. Si los integrantes de la asamblea tienen que seleccionar a uno de sus miembros para concurrir a una reunión interbarrial, ¿cuál es la probabilidad de que:

a. sea hombre y trabajador?

b. sea hombre o sea trabajador?

c. sea hombre y no trabaje?

d. no sea hombre ni trabaje?

28. En la biblioteca de una escuela, solo hay 20 libros de Historia, 10 de Lengua y 8 de Matemática. Si la bibliotecaria toma al azar 5 libros para reubicarlos, ¿cuál es la probabilidad de que:

a. todos sean de Historia?
b. cuatro pertenezcan a Lengua?
c. al menos uno sea de cada disciplina?
d. ninguno corresponda a Historia?

29. Un examen de tipo múltiple choice tiene 10 preguntas y cada una tiene 4 opciones, de las cuales solo una es correcta. Para aprobar, es necesario contestar bien por lo menos 6 preguntas. ¿Cuál es la probabilidad de que un alumno apruebe solamente por azar?

30. Para conformar la comisión de un congreso hay que elegir 6 personas entre 20 médicos, 20 odontólogos y 20 maestros. ¿Cuál es la probabilidad de que se seleccione por lo menos a una persona de cada grupo de profesionales?

31. Un jugador extrae al azar sucesivamente dos cartas de un mazo de 48 cartas españolas. Hallen la probabilidad de que:

a. si la segunda carta es de basto, la primera sea de oro.

b. la primera carta sea de basto si la segunda es de basto.

c. si la primera carta es una figura, la segunda también lo sea.

d. ninguna de las dos cartas sacadas sea un 7.

32. Para jugar al dominó se deben elegir 7 de 28 fichas disponibles.

a. ¿Cuál es la probabilidad de extraer todas las fichas que son dobles?

b. ¿Cuál es la probabilidad de no sacar ninguna ficha que tenga un 6?

33. Los números que integran el sorteo de la lotería de fin de año comienzan en el 00000 y finalizan en el 99999. Obtengan la probabilidad de que:

a. se gane el primer premio de dicha lotería con el número 29024.

b. el premio mayor corresponda a un número par.

c. para el primer premio salga un número entre 30500 y 30600 que sea múltiplo de 5.

34. En uno de los cajones de su placard, Luciano tiene 4 pares de medias: 1 blanco, 1 rojo, 1 negro y 1 azul. Si saca, sin mirar, 2 medias, ¿cuál es la probabilidad de que sean del mismo par?

Problema VI

En una empresa, hay 2 máquinas, A y B, que fabrican latas. La máquina A, que produce el triple de latas que la B, realiza un 3% de latas defectuosas y la máquina B, un 5% de latas defectuosas.

a. ¿Cuál es la probabilidad de que al elegir una lata al azar ésta sea defectuosa?

b. ¿Cuántas latas se han producido para obtener 7890 latas que estén en buen estado?

De los alumnos de un curso, el 80% es morocho, el 10% vive a más de 20 cuadras de la escuela y el 85% es morocho o vive a más de 20 cuadras de la escuela. La profesora elige un alumno para resolver un ejercicio en el pizarrón. ¿Cuál es la probabilidad de que:

a. sea morocho y viva a más de 20 cuadras de la escuela?

b. viviendo a más de 20 cuadras de la escuela, no sea morocho?

c. viva a menos de 20 cuadras de la escuela si es morocho?

Problema VII

En una fábrica de golosinas se ponen en cajas de caramelos masticables y caramelos duros indistintos. Las cajas de caramelos masticables contienen un 60% de caramelos de frutilla y un 40% de caramelos de naranja. Las cajas de caramelos duros están compuestas por un 65% de caramelos de frutilla y un 35% de caramelos de naranja.

Un estudiante observa en una caja el contenido de algunas cajas de caramelos masticables y duros. En el total, el 55% de los caramelos son masticables y el resto son duros. ¿Cuál es la probabilidad de que al elegir al azar del caja un caramelo de naranja este sea masticable?

En una caja hay 4 pelotas rojas y 2 negras, todas del mismo tamaño. Se selecciona una pelota al azar, se anota su color, se la devuelve a la caja y se agregan a dicha caja otras 3 pelotas del mismo color al observado. Después de eso, se vuelve a realizar una vez más todo el procedimiento anterior. Calculen la probabilidad de que:

a. la primera pelota seleccionada sea negra.

b. la segunda pelota extraída sea negra.

c. la tercera pelota elegida sea roja si las dos primeras fueron rojas.

d. la segunda pelota sacada sea roja o la tercera pelota seleccionada sea negra.

36. La bolsa A contiene 4 bolitas rojas, 1 blanca y 3 negras. La bolsa B tiene 8 bolitas rojas, 1 blanca y 7 negras. Se lanza un dado; si sale 1, 2, 3 o 4, se selecciona al azar una bolita de la bolsa A y, en caso contrario, se la elige de la bolsa B.

a. ¿Cuál es la probabilidad de que:
I. la bolita elegida sea roja si se sabe que proviene de la bolsa A?

II. se seleccione una bolita blanca de la bolsa B?

b. Decidan si los sucesos P_1 que la bolita elegida provenga de la bolsa A y R_1 que la bolita seleccionada sea roja, son independientes. Expliquen, en la carpeta, por qué.

37. De una caja donde hay 6 chupetines de frutilla y 5 de limón, Iván extrae un chupetín y a continuación Gastón extrae otro. Si el chupetín de Gastón es de limón, ¿cuál es la probabilidad de que el de Iván sea de frutilla?

38. Una fábrica de tornillos dispone de 4 máquinas, la A, la B, la C y la D. La máquina A produce un 15% de tornillos defectuosos, la B un 3% de tornillos defectuosos, la C un 10% y la máquina D un 20%. De los tornillos fabricados, el 26% corresponde a la máquina A; el 46% a la B; el 20%, a la C, y el resto, a la máquina D. ¿Cuál es la probabilidad de que al seleccionar al azar a un tornillo éste sea defectuoso?

39. En una fábrica de lámparas, hay dos máquinas, la A y la B. La máquina A produce un 2% de lámparas defectuosas y la máquina B, un 5% de defectuosas. Las lámparas fabricadas se colocan en una caja que contiene un 20% de lámparas que provienen de la máquina A y el resto de la máquina B.

a. Si se extrae de la caja una lámpara al azar, ¿cuál es la probabilidad de que la lámpara extraída no sea defectuosa?

b. Si se sacan 2 lámparas al azar de la caja, ¿cuál es la probabilidad de que alguna de ellas no sea defectuosa?

40. Una empresa que fabrica chupetes dispone para eso de las máquinas A, B y C. La máquina A produce un 3% de chupetes fallados; la máquina B, un 5%, y la C, un 10%. Los chupetes producidos son puestos en una bolsa que incluye un 45% de chupetes fabricados por la máquina A, un 35% por la máquina B y el resto de la máquina C. Si de la bolsa se saca un chupete al azar, ¿cuál es la probabilidad de que esté fallado?

Simulación de experiencias

Supongamos que tiramos dos dados idénticos 20 veces y que al considerar la suma de los números que salen en dichos dados obtenemos los siguientes resultados:

Realicemos un gráfico de barras donde estén representadas la frecuencia relativa y la probabilidad teórica:

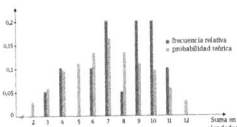

Al comparar la frecuencia relativa con la probabilidad teórica correspondiente, observamos que dichos valores son, para algunas sumas, muy próximos. Tanto en una calculadora como en una planilla de cálculo de una computadora, hay una función que se llama **random** o **aleatorio** con la que aleatoriamente se obtienen números mayores o iguales que 0 y menores que 1. Con esta función, es posible simular tiradas de dados sin necesidad de realizarlas. Por ejemplo, si al número que se obtiene con la función aleatorio se lo multiplica por 6, resulta un número mayor o igual que 0 y menor que 6. Si luego se le suma 1, se obtiene un número mayor o igual que 1 y menor que 7, cuya parte entera es un número entero mayor o igual que 1 y menor o igual que 6.

Dicha parte entera es un número que representa un posible resultado al lanzar un dado. La ventaja de esta situación es que puede hacerse con una computadora que, a su vez, permite incrementar la cantidad de tiradas. Consideremos el siguiente gráfico de barras en el que conjuntamente están representadas las frecuencias relativas y las probabilidades teóricas de una simulación análoga a la de la página anterior, pero con 150 tiradas:

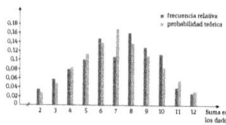

En este gráfico, podemos observar que, para la mayoría de las sumas, la frecuencia relativa es aún más próxima a la probabilidad teórica correspondiente.

1. a. Simulen la experiencia de tirar una moneda equilibrada para completar la siguiente tabla:

Cantidad de tiradas	10	50	100
Cantidad de caras			
Frecuencia relativa			

b. Comparen cada una de las frecuencias relativas con la probabilidad teórica de obtener cara al lanzar la moneda.

2. a. Simulen la experiencia de tirar un dado equilibrado para completar la siguiente tabla:

Cantidad de tiradas	10	50	100	150
Cantidad de unos				
Frecuencia relativa				

b. Comparen cada una de las frecuencias relativas con la probabilidad teórica de obtener uno al lanzar el dado.

3. Para un programa de televisión, se eligen al azar dos personas de un grupo formado por dos actrices, un actor y dos cantantes.

a. Realicen con el *random* de la calculadora la simulación de la experiencia de elegir a las dos personas 50 veces.

b. Comparen la frecuencia relativa de que el grupo esté formado por una actriz y un cantante con la probabilidad de ese suceso.

4. Simulen la experiencia de seleccionar al azar una carta de un mazo de 48 cartas españolas.

Espacio muestral y suceso de una experiencia

Problema I

a. Comencemos hallando la cantidad de resultados que se pueden obtener al extraer dos cartas del mazo. Como hay 48 posibilidades para la primera carta y por cada una de ellas, 47 para la segunda, entonces, resulta:

$$\underbrace{48}_{1^{\underline{a}}\text{ carta}} \cdot \underbrace{47}_{2^{\underline{a}}\text{ carta}} = 48 \cdot 47 = 2256$$

Luego, la cantidad de pares de cartas posibles de obtener al extraer dos es 2256. Entre dichos pares figuran, por ejemplo, estos:

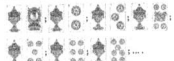

Al conjunto formado por todos los pares de cartas lo denominamos "espacio muestral".

Llamamos **espacio muestral** de una experiencia al conjunto formado por todos los resultados posibles que tiene dicha experiencia.

En una experiencia, un **suceso** es un subconjunto cualquiera del espacio muestral.

La cantidad de elementos que tiene un conjunto A se llama **cardinal** del conjunto A y se lo denota #A.

Continuemos resolviendo el problema I.

Si llamamos M al conjunto de todos los resultados posibles que tiene, es decir, al conjunto de todos los pares de cartas, resulta:

$$M = \left\{ \text{...} \right\} \text{ y } \#M = 2256$$

Supongamos ahora que el juego se gana con cualquiera de los resultados anteriores. Entonces, apostando a uno cualquiera de ellos, la posibilidad de ganar es 1 entre 2256. O sea que cada resultado tiene una posibilidad de suceder de $\dfrac{1}{2256}$. Luego, como esto ocurre para cualquier resultado posible, decimos que el espacio muestral M es **equiprobable**.

Un espacio muestral es **equiprobable** si todos sus elementos tienen la misma posibilidad de ocurrir.

Llamemos A al suceso formado por todos los resultados en los cuales las dos cartas extraídas son del mismo palo y calculemos su cardinal. Para ello, determinemos la cantidad de posibilidades de obtener dos cartas de copa. Como en el mazo hay 12 cartas de copa, entonces existen 12 posibilidades para la primera carta extraída y por cada una de ellas, 11 para la segunda. Luego:

$$\underbrace{12}_{1^{a}\ carta} \cdot \underbrace{11}_{2^{a}\ carta} = 132$$

Entonces, la cantidad de resultados en los cuales las dos cartas extraídas son de copa es 132. De la misma manera, podemos razonar para cada uno de los demás palos (oro, basto y espada). Por lo tanto, como hay 4 palos, resulta: #A = 4 · 132 = 528. Luego, la posibilidad de que ocurra el suceso A es $\frac{528}{2256} \approx 0,234$. Este valor es la probabilidad del suceso A.

La **probabilidad del suceso A (P(A))**, en un espacio muestral M equiprobable, es el cociente entre el cardinal de A y el cardinal de M. Es decir: $P(A) = \frac{\#A}{\#M}$.

Esta fórmula se denomina "definición de Laplace" para el cálculo de la probabilidad de un suceso.

Retomemos el problema I.

Calculemos la probabilidad de que solo una de las cartas extraídas sea de oro. Llamemos B al suceso formado por los resultados en los cuales hay únicamente una carta de oro y calculemos el cardinal de B.

Si solo una de las cartas extraídas debe ser de oro, existen 12 posibilidades para la primera carta y 48 − 12, o sea, 36, para la segunda, o viceversa. Entonces, resulta: #B = 12 · 36 · 2 = 864.

Por lo tanto, $P(B) = \frac{864}{2256} \approx 0,383$.

Luego, como la probabilidad de ganar con la opción I. es 0,234 y la de ganar con la opción II. es 0,383, conviene apostar a la opción II., es decir, a que solo una de las cartas extraídas sea de oro. Antes de continuar con la resolución del problema I, enunciemos las propiedades de la probabilidad de un suceso.

El conjunto vacío, que se denota con ø o { }, es aquel que no tiene elementos.

Propiedades de la probabilidad de un suceso

· **Para un suceso A cualquiera se verifica que P(A) ∈ [0 ; 1].**

Para demostrar esta propiedad, llamemos M al espacio muestral del suceso A. Como el cardinal de un conjunto es su cantidad de elementos, el cardinal de A es mayor o igual que 0. Además, por ser el conjunto A un subconjunto de M, el cardinal de A es menor o igual que el de M. Luego:

$$0 \leq \#A \leq \#M \Rightarrow 0 \leq \frac{\#A}{\#M} \leq 1 \Rightarrow 0 \leq P(A) \leq 1 \Rightarrow P(A) \in [0 ; 1]$$

Como
$$\#M > 0$$

- **Si un suceso A es el conjunto vacío (A = ø), entonces, P(A) = 0.**
Esta propiedad se verifica debido a que $\#A = 0$.

Un suceso es imposible si su probabilidad es 0

En la experiencia del problema I, un suceso imposible es, por ejemplo, el formado por los resultados en los cuales los números de ambas cartas suman 25, pues como máximo esa suma da 24.

- **Si un suceso A y su espacio muestral M tienen los mismos elementos, entonces, P(A) = 1.**
Esta propiedad se cumple porque si A = M, entonces, ambos conjuntos tienen el mismo cardinal, con lo cual el cociente que define P(A) es 1.

Si A es un suceso del espacio muestral M, se verifica que:
- $0 \leq P(A) \leq 1$
- $P(M) = 1$
- $P(ø) = 0$

Probabilidad condicional

Continuemos con la resolución del problema I.
b. Determinemos a qué opción le conviene apostar a una persona que comienza a jugar cuando ya se extrajo la primera carta y esta no era de oro.

Llamemos C al suceso formado por los resultados en los cuales la primera carta no es de oro y calculemos su cardinal.
Si la primera carta extraída no es de oro, entonces, para ella hay 36 posibilidades. Como la segunda carta puede ser cualquiera excepto la ya extraída, para esa segunda carta hay 47 posibilidades. Entonces: $\#C = 36 \cdot 47 = 1692$.
El conjunto C es ahora el nuevo espacio muestral, pues en el ítem **b.** la experiencia no es la misma que en el **a.** La nueva experiencia es, entonces, la siguiente: extraer una carta que no es de oro y luego extraer otra. En estas condiciones, calculemos nuevamente las probabilidades de ocurrencia de cada una de las opciones I. y II. Para hallar la probabilidad de que ocurra la opción II., debemos determinar cuáles de los resultados que integran C permiten ganar con dicha opción, es decir, cuáles de los resultados que están en C también están en A.

Si R y T son dos conjuntos, llamamos **intersección** entre R y T, y lo denotamos R ∩ T al conjunto formado por los elementos que simultáneamente se encuentran en R y en T.

Luego, los elementos del conjunto A ∩ C son todos los pares de cartas que simultáneamente pertenecen a A y a C. Es decir, que en esos pares de cartas, por estar en C, la primera carta no es de oro y, por estar en A, las dos cartas son del mismo palo.

Calculemos el cardinal de A ∩ C. Si la primera carta extraída no es de oro, solo se puede ganar obteniendo dos cartas de copa, dos de espada o dos de basto. Luego: $\#(A \cap C) = 12 \cdot 11 \cdot 3 = 396$.

Por lo tanto, la probabilidad de ganar con la opción I. es la siguiente:

$$\frac{\#A \cap C}{\#C} = \frac{396}{1692} \approx 0{,}234,$$ que es la misma probabilidad que la del suceso A. Decimos, entonces,

que los sucesos A y C so independientes.

Dos sucesos son **independientes** si la ocurrencia de uno no modifica la probabilidad del otro.

Para hallar la probabilidad de que ocurra la opción II., calculamos el cardinal de B ∩ C, o sea, la cantidad de pares de cartas en los cuales la primera carta no es de oro y solo una de las dos cartas es de oro. Entonces, para ganar con la opción II., es necesario que la segunda carta extraída sea de oro.

Luego, como la primera carta sacada no era de oro, hay 36 posibilidades para esa carta y 12 para la segunda carta, con lo cual resulta: $\#(B \cap C) = 36 \cdot 12 = 432$.

Por lo tanto, la probabilidad de ganar con la opción II. es la siguiente: $\frac{432}{1692} \approx 0{,}255,$

que no es la misma probabilidad que la del suceso B. Decimos, entonces, que los sucesos B y C no son independientes.

Conviene apostar a la opción II.

El cálculo de la probabilidad de un suceso sabiendo que ya ocurrió otro se llama **probabilidad condicional**.

La probabilidad condicional de un suceso A sabiendo que otro B ya ocurrió $(P(A/B))$ es el cociente entre el cardinal de A ∩ B y el cardinal de B. Es decir:

$$P(A/B) = \frac{\#A \cap B}{\#B}$$

P(A/B): probabilidad de A si ocurrió B o probabilidad de A dado B.

Propiedades de la probabilidad condicional

- $P(A/B) = \dfrac{(A \cap B)}{P(B)}$

Para demostrar esta propiedad, llamamos M al espacio muestral de los sucesos A y B.
Utilizando la expresión de la probabilidad condicional de A dado B, y dividiendo su numerador y su denominador por el cardinal de M, resulta:

$$P(A/B) = \frac{\#(A \cap B)}{\#B} = \frac{\frac{\#(A \cap B)}{\#M}}{\frac{\#B}{\#M}} = \frac{P(A \cap B)}{P(B)}$$

- $P(A \cap B) = P(A/B) \cdot P(B)$

Esta propiedad se deduce de la primera propiedad despejando $P(A \cap B)$ en ella.

- **Si los sucesos A y B son independientes, entonces, $P(A \cap B) = P(A) \cdot P(B)$**

Verifiquemos esta propiedad. Si los sucesos A y B son independientes, la ocurrencia de B no modifica la ocurrencia de A, con lo cual $P(A/B) = P(A)$.
Luego, reemplazando a $P(A/B)$ por $P(A)$ en la primera propiedad, obtenemos que:

$$P(A) = \frac{P(A \cap B)}{P(B)} \Rightarrow P(A) \cdot P(B) = P(A \cap B)$$

Problema II

Para poder calcular la probabilidad de ganar, es necesario definir el espacio muestral. Llamando M al espacio muestral, resulta:

$$M = \left\{ \boxed{} , \boxed{} , \boxed{} , \boxed{} , \boxed{} , \boxed{} ; \dots \right\}$$

Como para el primer dado rojo existen 6 posibilidades (cualquiera de los números 1, 2, 3, 4, 5 o 6) y lo mismo ocurre para el segundo dado azul, al calcular el cardinal de M, obtenemos:

$$\underbrace{6}_{\text{Dado rojo}} \cdot \underbrace{6}_{\text{Dado azul}} = 36 = \#M$$

De acuerdo con el espacio muestral que hemos considerado, cada elemento de M tiene la misma probabilidad de salir. Notemos que si a los números que pueden salir en ambos dados los consideramos sin tener en cuenta el color de dichos dados, el resultado 6-6 tiene menos posibilidades de salir que el 1-2, pues este último resultado se puede obtener con un 1 en el dado rojo y un 2 en el azul, o viceversa, y de esta manera la probabilidad de cada elemento de M es distinta.

Si llamamos A al suceso formado por los elementos de M con suma 7, resulta:

$$A = \left\{ \boxed{::}\,\boxed{::}\,;\,\boxed{:}\,\boxed{::}\,;\,\boxed{::}\,\boxed{:}\,;\,\boxed{::}\,\boxed{::}\,;\,\boxed{::}\,\boxed{::}\,;\,\boxed{::}\,\boxed{::} \right\},\ \#A = 6\ y$$

$$P(A) = \frac{6}{36} = \frac{1}{6}$$

Si llamamos B al suceso formado por los elementos de M que tienen un 6, obtenemos

$$B = \left\{ \boxed{::}\,\boxed{::}\,;\,\boxed{::}\,\boxed{:}\,;\,\boxed{::}\,\boxed{::}\,;\,\boxed{::}\,\boxed{::}\,;\,\boxed{::}\,\boxed{::}\,;\,\boxed{::}\,\boxed{::}\,;\,\boxed{::}\,\boxed{::}\,; \right.$$

$$\left. \boxed{::}\,\boxed{::}\,;\,\boxed{::}\,\boxed{::}\,;\,\boxed{::}\,\boxed{::} \right\},\ \#B = 11\ y\ P(B) = \frac{11}{36}.$$

Luego, para ganar el juego, es necesario obtener un resultado que esté en A o en B.

Si R y T son dos conjuntos, llamamos **unión** entre R y T, y lo denotamos R ∪ T, al conjunto formado por los elementos que se encuentran en R o en T.

Entonces, los resultados que permiten ganar el juego son los que están en A ∪ B, o sea: 1-6 , 2-6 , 3-6 , 4-6, 5-6, 6-6 , 6-1 , 6-2 , 6-3 , 6-4 , 6-5, 2-5 , 5-2 , 3-4 y 4-3.

Notemos que en este listado de resultados, a los elementos que se encuentran en la intersección entre A y B se los escribe una sola vez. Luego, como A ∩ B = {1-6; 6-1} y #(A ∩ B) = 2, entonces: #(A ∪ B) = #A + #B – #(A ∩ B) = 6 + 11 – 2 = 15, con lo cual resulta que

$$P(A \cup B) = P(A) + P(B) - P(A \cap B) = \frac{1}{6} + \frac{1}{36} - \frac{2}{36} = \frac{15}{36}$$

- $P(A \cup B) = P(A) + P(B) - P(A \cap B)$
- Si los sucesos A y B no tienen elementos en común, entonces, $P(A \cup B) = P(A) + P(B)$.

Esta conclusión se verifica porque si los sucesos A y B no tienen elementos en común, entonces, $A \cap B = \frac{2}{36}$, con lo cual $P(A \cap B) = 0$ y, en consecuencia, $P(A \cup B) = P(A) + P(B) - 0 = P(A) + P(B)$.

Dos sucesos A y B son **incompatibles** si no pueden suceder a la vez, es decir, si $P(A \cap B) = 0$.

En el problema II, los sucesos A y B no son incompatibles, ya que $P(A \cap B) = \frac{2}{36}$.

Decir que $P(A) = \frac{1}{6}$ significa que una de cada seis tiradas de los dos dados, la suma obtenida será 7. Notemos que esta probabilidad es teórica, pues es posible que si solo lanzamos los dados seis veces no suceda que en una tirada la suma obtenida sea 7. Sin embargo, a medida que aumentemos la cantidad de veces que repetimos la experiencia de lanzar los dados, la frecuencia relativa se acercará cada vez más a la probabilidad teórica. En consecuencia, podemos repetir la experiencia muchas veces y después de eso calcular la frecuencia relativa. También podemos hacer una simulación de la experiencia.

Problema III

a. La probabilidad teórica de que salga un determinado número es $\frac{1}{6}$, aproximadamente 0,167.

Calculemos la frecuencia relativa de cada número.
La tabla de repeticiones y la fracción de esas repeticiones respecto al total de tiradas correspondiente a los números del dado elegido es ésta:

Al comparar cada frecuencia relativa con la probabilidad teórica, concluimos que el 1 y el 6 tienen más probabilidad de salir que el resto de los números, pues su fracción es mayor que la probabilidad teórica. Podemos afirmar que el dado elegido está "cargado", con lo cual el espacio muestral {1, 2, 3, 4, 5, 6} no es equiprobable.

b. A cada cara de ese dado puede asignársele como probabilidad de salir la frecuencia relativa correspondiente al número impreso en cada cara.

Problema IV

En la primera ruleta, los colores no tienen todos la misma probabilidad de salir, pues la superficie roja es la mitad del total y la verde y la amarilla son, cada una, la cuarta parte del total.

Por lo tanto, en la primera ruleta, la probabilidad de que salga rojo (R) es $P(R) = \frac{1}{2}$,

la probabilidad de que salga verde (V) es $P(V) = \frac{1}{4}$

y la probabilidad de que salga azul (A) es $P(A) = \frac{1}{4}$.

En la segunda ruleta, que es independiente de la primera, hay 12 números, pero algunos figuran más de una vez. Para la segunda ruleta resulta:

Calculemos, entonces, las probabilidades requeridas.

a. La respuesta correspondiente al primer ítem ya la hemos hallado al inicio de la resolución del problema y es $P(R) = \frac{1}{2}$.

b. La probabilidad pedida en el ítem **b.** es la probabilidad de la intersección entre los siguientes sucesos: que se obtenga verde en la segunda, la primera ruleta y que salga 3 en la segunda, o sea, $P(V \text{ y } 3)$. Como dichos sucesos son independientes, pues los discos de las ruletas giran simultáneamente, obtenemos:

$$P(V \text{ y } 3) = P(V) \cdot P(3) = \frac{1}{4} \cdot \frac{1}{12} = \frac{1}{48}$$

c. Para calcular la probabilidad, o sea, $P(R \text{ o } 2)$, utilizamos la fórmula de la probabilidad de la unión de dos sucesos. Luego:

$$P(R \text{ o } 2) = P(R) + P(2) - P(R \text{ y } 2) = \frac{1}{2} + \frac{3}{12} - P(R \text{ y } 2)$$

Pero como los sucesos son independientes, la probabilidad de la intersección entre ambos es el producto de las probabilidades de cada uno de ellos. Entonces, resulta:

$$P(R \text{ o } 2) = \frac{1}{2} + \frac{3}{12} - P(R) \cdot P(2) = \frac{1}{2} + \frac{3}{12} - \frac{1}{2} \cdot \frac{3}{12} = \frac{5}{8}$$

Problema V

Como la comisión está integrada por 5 alumnos elegidos de entre todos los alumnos de los dos cursos, podría suceder que los seleccionados sean todos del mismo curso. Además, como al conformar el grupo de alumnos no importa el orden en el que se los elija, para hallar el cardinal del espacio muestral, debemos calcular cuántos grupos de 5 personas pueden formarse a partir de un conjunto de 50 alumnos. Llamando M al espacio muestral, obtenemos que $\#M = \binom{50}{5}$.

Si en la comisión debe haber más alumnos del curso B que del A, las opciones para elegir a los 5 integrantes son 3 alumnos del curso B y 2 del A, 4 alumnos del B y 1 del A, o 5 alumnos del B. Para calcular la cantidad de maneras de seleccionar a los 3 alumnos del curso B, usamos el número combinatorio 30 en 3, y para los 2 del A, el combinatorio 20 en 2.

Luego, la cantidad de grupos con 3 alumnos del curso B y 2 del A es $\binom{30}{3}\binom{20}{2}$.

Utilizando un razonamiento similar al anterior, obtenemos que la cantidad de comisiones con

4 alumnos del B y 1 del A es $\binom{30}{4} \cdot 20$.

Si los 5 alumnos elegidos son del curso B, la cantidad de comisiones es $\binom{30}{5}$.

Por lo tanto, la probabilidad de que la comisión esté integrada por más alumnos del curso B que del curso A es la siguiente:

$$\frac{\binom{30}{3}\binom{20}{2} + \binom{30}{4} \cdot 20 + \binom{30}{5}}{\binom{50}{5}} \approx 0{,}69$$

Problema VI

a. En este problema, el experimento consiste en extraer una lata, que puede provenir de la máquina A o de la B. Llamemos M al espacio muestral, A al suceso que la lata provenga de la máquina A y B al suceso que la lata provenga de la máquina B.

Se verifica que: $M = A \cup B$ y $A \cap B = \varnothing$.

Hallemos la probabilidad de obtener una lata defectuosa. La probabilidad de que una lata de la máquina A sea defectuosa es 0,1, pues el 10% de las latas de esta máquina son defectuosas. Como la máquina B produce un 5% de latas defectuosas, la probabilidad de que una lata de la máquina B sea defectuosa es 0,05. El suceso que la lata sea defectuosa puede descomponerse en los sucesos: que la lata sea defectuosa y provenga de la máquina A o que la lata sea defectuosa y provenga de la máquina B. Si llamamos D al suceso que la lata elegida sea defectuosa, entonces, resulta que

$$P(D) = P(D \cap A) + P(D \cap B) \qquad (1)$$

Luego, por la segunda de las propiedades de la página 217, se verifica:

$$P(D \cap A) = P(D/A) \cdot P(A) \qquad (2) \qquad P(D \cap B) = P(D/B) \cdot P(B) \qquad (3)$$

Reemplazando las expresiones (2) y (3) en la (1), obtenemos:

$$P(D) = P(D/A) \cdot P(A) + P(D/B) \cdot P(B) = 0{,}1 \cdot P(A) + 0{,}05 \cdot P(B) \qquad (4)$$

Como $M = A \cup B$ y $A \cap B = \varnothing$ entonces:

$$P(M) = P(A \cup B) = P(A) + P(B) \qquad (5)$$

Luego, como $P(M) = 1$, en (5) resulta:

$$P(A) + P(B) = 1 \qquad (6)$$

Pero como la máquina A produce el triple de latas que la máquina B, la probabilidad de que la lata provenga de la máquina A es el triple de la probabilidad de que provenga de la B, es decir, $P(A) = 3 \cdot P(B)$. Entonces, sustituyendo a $P(A)$ por $3 \cdot P(B)$ en (6), obtenemos:

$$1 = P(A) + P(B) = 3 \cdot P(B) + P(B) = 4 \cdot P(B) \Rightarrow P(B) = 0{,}25 \Rightarrow P(A) = 0{,}75$$

Reemplazando los valores de P(A) y P(B) en la expresión $\cdots$, resulta que:

$$P(D) = 0,1 \cdot 0,75 + 0,05 \cdot 0,25 = 0,0875$$

Por lo tanto, la probabilidad de que al elegir al azar una lata esta sea defectuosa es 0,0875.

Teorema de la probabilidad total

Si C es un suceso cualquiera correspondiente a un espacio muestral M y M = A ∪ B, donde los sucesos A y B son incompatibles, se verifica que:

$$P(C) = P(C/A) \cdot P(A) + P(C/B) \cdot P(B)$$

b. Para saber cuántas latas hay que fabricar para obtener 7300 latas en buen estado, calculemos cuál es la probabilidad de elegir una lata que esté en buen estado. Si E es el suceso que la lata elegida esté en buen estado, entonces M = D ∪ E, siendo los sucesos D y E incompatibles.

Dos sucesos son **complementarios** si son incompatibles y su unión es igual al espacio muestral.

Luego, P(M) = P(D) + P(E) ⇒ 1 = 0,0875 + P(E) ⇒ P(E) = 1 − 0,0875 = 0,9125, con lo cual el cociente entre la cantidad de latas en buen estado y la cantidad total de latas fabricadas es 0,9125. Llamando x a la cantidad de latas que se deben fabricar para que la cantidad de latas en buen estado sea 7300, resulta:

$$\frac{7300}{x} = 0,9125 \Rightarrow x = 8000$$

Por lo tanto, deben fabricarse 8000 latas para obtener 7300 latas que estén en buen estado.

Problema VII

Llamemos T al suceso *que el caramelo elegido sea masticable*, D al suceso *que el caramelo elegido sea duro*, F al suceso *que el caramelo elegido sea de frutilla* y N al *que el caramelo elegido sea de naranja*. Para contestar a la pregunta del enunciado del problema, debemos calcular la probabilidad de que el caramelo elegido sea masticable sabiendo que es de naranja, o sea que tenemos que hallar P(T/N).

Usando la primera de las propiedades de la página 217, obtenemos que:

$$P(T/N) = \frac{P(T \cap N)}{P(N)} \quad (I)$$

Calculemos $P(N)$ utilizando el Teorema de la probabilidad total con los sucesos T y D, que son sucesos complementarios. Luego, resulta que:

$$P(N) = P(N/T) \cdot P(T) + P(N/D) \cdot P(D) \quad (II)$$

Hallemos $P(T \cap N)$ usando la segunda de las propiedades de la página 217. Obtenemos

$$P(T \cap N) = P(N/T) \cdot P(T) \quad (III)$$

Reemplazando las expresiones (II) y (III) en la (I), resulta que:

$$P(T/N) = \frac{P(T \cap N)}{P(N)} = \frac{P(N/T) \cdot P(T)}{P(N/T) \cdot P(T) + P(N/D) \cdot P(D)} \quad (IV)$$

Los datos que pueden extraerse del enunciado del problema son:

$P(F/T) = 0,5$, $P(N/T) = 0,5$, $P(F/D) = 0,65$, $P(N/D) = 0,35$, $P(T) = 0,45$ y $P(D) = 0,55$.

Sustituyendo estos valores en la expresión (IV), obtenemos:

$$P(T/N) = \frac{0,5 \cdot 0,45}{0,5 \cdot 0,45 + 0,35 \cdot 0,55} = 0,5389$$

Por lo tanto, la probabilidad de que al elegir al azar del cajón un caramelo de naranja este sea masticable es 0,5389.

Teorema de Bayes

Si los sucesos A y B son complementarios y el suceso D tiene probabilidad positiva, se verifica que:

$$P(A/D) = \frac{P(A \cap D)}{P(D)} = \frac{P(D/A) \cdot P(A)}{P(D/A) \cdot P(A) + P(D/B) \cdot P(B)}$$

1. Los sucesos A y B pertenecen al mismo espacio muestral y verifican que:
   $P(A) = 0,7$, $P(B) = 0,4$ y $P(A \cap B) = 0,2$. Calculen las siguientes probabilidades:
   a. $P(A \cup B) = $ _____
   b. $P(A/B) = $ _____
   c. $P(A/A \cap B) = $ _____
   d. $P(A \cap B/A \cup B) = $ _____
   e. $P(A/A \cup B) = $ _____

2. La probabilidad de que un avión se accidente es 0,01, la probabilidad de que se pierda el equipaje si el avión se accidenta es 0,95 y la probabilidad de que se pierda el equipaje sin que el avión se accidente es de 0,25. Hallen la probabilidad de que:
   a. sabiendo que se perdió el equipaje, el avión sufra un accidente; _____
   b. el avión tenga un accidente si se sabe que no se perdió el equipaje. _____

3. En una bolsa hay 4 pelotitas blancas y 7 negras. Se extraen consecutivamente 2 pelotitas sin retornarlas a la bolsa. Si la segunda pelotita extraída es negra, ¿cuál es la probabilidad de que la primera sea blanca?

4. Un niño saca al azar 2 chupetines de una caja que contiene un chupetín de dulce de leche y chupetines de chocolate. Si la probabilidad de que los chupetines extraídos sean ambos de chocolate es 0,8, ¿cuántos chupetines de chocolate contenía la caja?

5. En una ciudad, el 70% de los motociclistas son hombres, y de estos, el 20% utiliza casco. El porcentaje de mujeres motociclistas que conducen con casco en esa ciudad es 75%.
   a. Hallen la probabilidad de que un motociclista elegido al azar use casco.
   b. Si se selecciona un motociclista al azar y se comprueba que utiliza casco, ¿cuál es la probabilidad de que sea mujer?

6. Para obtener el registro de conducir, se deben realizar dos exámenes: uno teórico y otro práctico. La probabilidad de aprobar el examen teórico es 0,8, la probabilidad de aprobar el examen práctico es 0,6 y la probabilidad de aprobar ambos exámenes es 0,5. Consideren que el suceso A es aprobar el examen teórico y el suceso B es aprobar el examen práctico.
   a. ¿Son independientes los sucesos A y B? _____
   b. ¿Cuál es la probabilidad de aprobar solamente uno de los exámenes? _____
   c. Si una persona ya aprobó el examen teórico, ¿cuál es la probabilidad de que apruebe el práctico? _____

7. Un alhajero contiene 2 monedas de oro y 3 de plata, y otro incluye 4 monedas de oro y 3 de plata. Si se elige un alhajero al azar y de él se extrae, también al azar, una moneda, ¿cuál es la probabilidad de que:
   a. la moneda extraída sea de plata?
   b. se extraiga una moneda de plata si se sabe que el alhajero elegido es el que contiene más monedas de oro?